网络设备
安装与调试

（华为版）

主　编◎王志浩

副主编◎孔　儒　王素芬　赵艳春

首都经济贸易大学出版社

Capital University of Economics and Business Press

·北　京·

图书在版编目（CIP）数据

网络设备安装与调试：华为版 / 王志浩主编.

北京：首都经济贸易大学出版社，2025. 6. -- ISBN 978-7-5638-3829-5

Ⅰ. TN915.05

中国国家版本馆 CIP 数据核字第 2025WOH607 号

网络设备安装与调试（华为版）

WANGLUO SHEBEI ANZHUANG YU TIAOSHI（HUAWEIBAN）

主　编　王志浩

副主编　孔　儒　王素芬　赵艳春

责任编辑　韩　泽　曹旭帆

封面设计　砚祥志远·激光照排
　　　　　TEL：010-65976003

出版发行　首都经济贸易大学出版社

地　　址　北京市朝阳区红庙（邮编100026）

电　　话　（010）65976483　65065761　65071505（传真）

网　　址　https://sjmcb.cueb.edu.cn

经　　销　全国新华书店

照　　排　北京砚祥志远激光照排技术有限公司

印　　刷　唐山玺诚印务有限公司

成品尺寸　185毫米×260毫米　1/16

字　　数　394千字

印　　张　19

版　　次　2025年6月第1版

印　　次　2025年6月第1次印刷

书　　号　ISBN 978-7-5638-3829-5

定　　价　49.00元

前言

　　"网络设备安装与调试"是计算机网络技术专业的一门核心专业课程。本教材是依据教育部颁发的《中等职业学校计算机网络技术专业教学标准》以及2023年山东省春季高考网络技术类专业知识考试和专业技能考试标准编写的。在编写过程中，坚持"必备理论+技能实训"的原则，以项目为引领，以任务为导向，把必备理论知识融入任务实施过程，实现"做中学、学中做"理实一体化。针对中职学生的学习特点与认知程度，结合中职学生网络技术专业岗位职责，有效把握教材内容的安排与深度，坚持传授必备的理论知识，培养学生解决实际问题的能力，胜任职责岗位，奠定后续专业课程的学习基础，并将党的二十大提出的"网络强国""数字中国""个人信息安全"及职业道德、大国工匠精神、国家安全意识融入教材中。本教材具有许多亮点，主要体现在以下几个方面。

　　1. 在内容选取上，坚持教学深度满足中职学生网络技术专业岗位职责需求和后续专业学习，坚持工作任务与技术标准、技术发展及产业实际紧密联系，以能力为本位，贴近工程实际；对接主流生产技术，注重新知识、新技术、新工艺、新方法的讲解。

　　2. 在教材体系设计上，针对实践课程定位，坚持必备理论知识融合实践操作，以任务需求界定理论深度与理论难度，在讲清理论知识的基础上，强化实施步骤与操作要领，努力实现内容安排的合理性、适用性和实用性，适应中职学生身心发展规律。

　　3. 在教材的呈现形式上，根据中职学生的学习特点和认知能力，力求图文并茂，使内容的呈现形式更加清晰。对于每项任务的实施，均写出配置过程，强调配置步骤，并通过习题进一步强化巩固所学知识。教材中加入了"知识拓展"，以提升专业知识的深度与广度，满足不同禀赋学生的知识需求。

　　4. 为方便教学，本教材配有教学资源包，包括多媒体课件、课后习题答案、任务及习题强化拓扑图，并配置源代码，且所有任务和习题实操均通过华为网络仿真模拟软件eNSP进行测试。

　　5. 完成本课程教学所需学时为108学时，其学时分配建议如下表所列。

学时分配参考表

项目	项目内容	课时分配/学时		
		理论讲授	实训	合计
1	认识OSI/RM参考模型及各层互连设备	8	0	8
2	IP地址规划与子网划分	8	2	10
3	交换机配置	16	14	30
4	路由器配置	12	10	22
5	网络安全与管理	10	10	20
6	无线局域网配置	6	6	12
7	网络故障诊断与排除	4	2	6

在编写过程中，得到山东理工职业学院边振兴教授和华为山东区域工程师的大力支持。教材编写工作的顺利完成，得益于山东省高水平学校建设项目关于深化教材改革的大力支持，得益于济宁市高级职业学校附属职教高考学校的专业老师们在春季高考网络技术类专业多年的丰富教学经验和技能实践。在此，谨向他们表示由衷的敬意和诚挚的感谢。

由于编者水平有限，书中不足之处在所难免，恳请读者批评、指正。

目录

项目1 认识OSI/RM参考模型及各层互连设备

  1969 年 12 月，美国国防部建立的"阿帕网"（ARPANET）正式投入运行，标志着人类社会开始进入网络时代。随着网络技术的发展，网络分层体系结构逐步形成，并提出了TCP/IP和OSI/RM（Open System Interconnection Reference Model，开放系统互连参考模型）两种网络模型。由于在OSI/RM模型提出之前，TCP/IP模型已广泛应用于网络通信，OSI/RM模型始终没有得到广泛应用，当前普遍使用的是TCP/IP模型，TCP/IP协议已经成为事实上的国际标准和工业标准。而OSI/RM模型结构严密，理论性强，各种网络硬件、软件和学术文献都参考它，具有更高的科学性和学术性。

  作为一名网络工程师或网络从业人员，熟悉OSI/RM网络参考模型层次结构及各层网络设备功能，是掌握网络应用技术的重要基础。本项目中，我们将学习OSI/RM七层网络参考模型体系结构及各层功能，掌握各层网络设备的工作原理。

👆 项目分析

  熟悉OSI/RM参考模型，掌握各层网络设备功能，是学好网络专业知识、灵活应用网络技术的重要前提。该项目通过介绍OSI/RM七层网络模型和TCP/IP四层网络模型及各层网络设备的功能与原理，为后续学习与掌握各种协议安装、网络设备配置及网络规划打下理论基础。通过本项目各任务的实施，培养学生抽象思维能力、用生活现象类比抽象理论的学习能力、理论联系实际的能力，激发学生科技创新精神。

👆 知识目标

- 了解OSI/RM与TCP/IP网络模型。
- 掌握中继器、集线器的工作原理。
- 掌握网桥、交换机的工作原理。
- 掌握路由器的工作原理。

🖱 能力目标

- 了解OSI/RM七层网络参考模型和TCP/IP四层网络模型。
- 能够理解中继器、集线器的工作原理。
- 能够掌握网桥的工作原理。
- 能够了解交换机的类型，掌握交换机的工作原理。
- 能够掌握路由器的工作原理。

🖱 素养目标

- 培养学生抽象思维能力。
- 提高学生理论联系实际的能力。
- 培养学生用生活现象类比抽象理论的学习方法。
- 培养学生科技创新精神。

任务 1 认识 OSI/RM 网络模型

一、任务描述

在如图 1-1 所示网络拓扑中，主机PC1 向主机PC2 发送一串信息"hello"，请你根据OSI/RM网络模型及各层间关系，解析主机PC1 向主机PC2 发送信息的过程。其中，SW-A、SW-B是交换机，R1、R2是路由器。

PC1   SW-A   R1   R2   SW-B   PC2

图1-1 主机间通信网络拓扑

二、任务分析

理解与掌握网络数据传输过程需熟悉网络体系结构，掌握网络体系结构中各层功能及上下层关系，了解数据封装与解封装的过程。掌握网络体系结构及各层功能、理解数据传输过程是一名优秀网络工程师必备的基础知识。

三、相关知识

（一）网络体系结构概述

1. 网络体系结构模型

网络体系结构是指通信系统的整体设计，它为网络硬件、软件、协议、存取控制和拓扑提供标准。

在计算机网络发展初期，网络技术的发展变化速度较快，计算机网络变得越来越复杂，新的协议和应用不断产生，而网络设备大部分都是按厂商自己的标准生产，不能兼容，相互间很难进行通信。

为了解决网络之间的兼容性问题，实现网络设备间的相互通信，国际标准化组织ISO（International Organization for Standardization，ISO）于1979年提出了OSI/RM网络体系结构。OSI/RM参考模型很快成为计算机网络通信的基础模型。

其实，在OSI/RM网络参考模型提出之前，基于TCP/IP网络模型的计算机网络已在全球大范围成功运行，目前，计算机网络广泛应用的网络体系结构是TCP/IP协议标准。

OSI/RM参考模型与TCP/IP模型都采用了分层体系结构，通过分层体系结构将庞大而复杂的问题转化为若干个较小且易于处理的子问题。

2. 网络分层结构

网络分层是指将网络协议按照功能划分为不同的层次，每个层次都有不同的协议和功能，通过这些协议和功能完成网络数据的传输和处理。OSI/RM七层模型和TCP/IP四层模型均采用分层结构。

计算机网络采用分层结构有如下优点：

（1）各层之间相互独立。某一层不需要知道下一层是如何实现的，只需要知道该层通过层间接口向上层提供的服务。由于每一层只实现一种相对独立的功能，因而可以将一个难以处理的复杂问题分解为若干个易于处理的更小问题，使复杂问题简单化。

（2）灵活性好。当任何一层发生变化时，只要层间接口关系保持不变，其他各层均不受影响，当某层提供的服务不再需要时，也可以将该层取消。

（3）结构上可分割开。各层可以采用最合适的技术来实现。

（4）易于实现和维护。整个系统被分为若干个易于处理的子系统，使得庞大而复杂的系统更易于实现与维护。

（5）促进标准化工作。

（二）OSI/RM网络模型

1. OSI/RM七层网络网络模型

OSI/RM七层网络模型是计算机网络系统的原则性说明，并不是一个具体的网络，它只是一个为制定标准而提出的概念性框架。不同的网络系统，只要遵循OSI/RM标准就可以进行联网通信。

OSI/RM七层网络模型如图1-2所示。OSI/RM七层网络模型将整个网络的功能分成七个层次，从下到上分别为物理层、数据链路层、网络层、传输层、会话层、表示层、应用层。层与层之间的联系是通过层间接口进行的，上层通过接口向下层提出服务请求，下层通过接口向上层提供服务。

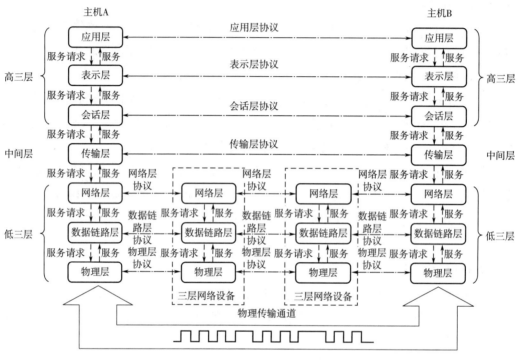

图1-2　OSI/RM七层网络模型

计算机间相互通信时，除了物理层通过传输介质直接通信外其他各层均不存在直接的通信关系，而是通过对等层（指不同主机上对应的层次）间的通信协议来完成通信。

在OSI/RM七层网络模型中，高三层（即应用层、表示层、会话层）协议为用户提供网络服务，属于资源子网，由软件来实现，低三层（即物理层、数据链路层、网络层）协议属于通信子网，由硬件来实现。传输层屏蔽具体通信子网的通信细节，使得高层不关心通信过程，只对信息进行处理。在通信过程中，只有主机需要包含七个层次的功能，而在通信子网中一般只需要低三层甚至低二层的功能，比如二层交换机只需要物理层和数据链路层的功能，三层交换机或路由器只需要物理层、数据链路层和网络层的功能。

2. OSI/RM各层功能

（1）物理层。物理层是OSI/RM七层网络模型中的最底层。物理层的作用是传输原始的二进制比特流，该层定义了网络的物理结构，传输电磁标准，比特流编码，物理介质连接头的各种特征，确保原始的数据在各种传输介质上传输。物理层的功能如图1-3所示。

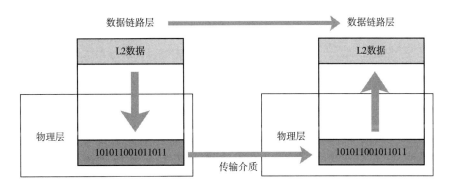

图1-3 物理层功能示意图

物理层能够屏蔽掉物理设备、传输媒体及通信手段的不同，使数据链路层感觉不到这些差异，只考虑完成本层的协议和服务。

在数据传输过程中，物理层负责在终端系统之间建立、维护和释放物理链路，并提供建立、维护和拆除物理链路所需的机械、电气、功能和规程特性。

物理层的典型网络设备有：中继器、集线器等。

物理层的协议有：IEEE802.1A、IEEE802.2到IEEE802.11。

（2）数据链路层。数据链路层是OSI/RM参考模型中的第二层，介乎于物理层和网络层之间。数据链路层在物理层提供的服务的基础上向网络层提供服务，其最基本的服务是将源自物理层的数据可靠地传输到网络层，将从网络层接收到的一段数据的前后分别添加首部和尾部，构成一个可被物理层传输的帧。

在OSI/RM模型的各层，使用控制信息对数据进行封装，封装后的数据统称为"协议数据单元"（Protocol Data Unit，PDU）。数据链路层的协议数据单元称为帧，帧中包含源物理地址、目标物理地址和检错码等信息。在局域网中，数据链路层根据帧提供的目标物理地址（又称"MAC地址"）把数据传输给相邻的目标主机。标准以太网帧结构如图1-4所示。

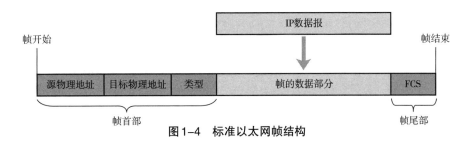

图1-4 标准以太网帧结构

在数据传输过程中，数据链路层主要完成数据链路的建立、维持、流量控制、差错控制等功能。数据链路层的功能如图1-5所示。

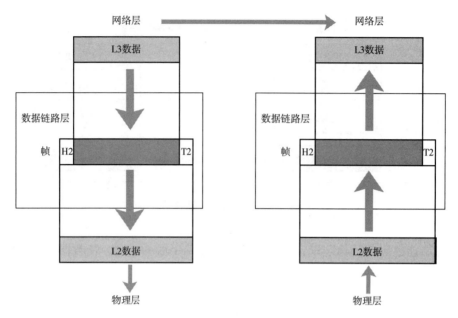

图1-5　数据链路层功能示意图

数据链路层的典型网络设备有：网卡、网桥和二层交换机等设备。

数据链路层协议主要有：PPP点对点的协议、HDLC高级数据链路控制协议、FR帧中继协议、FDDI光纤分布式接口协议、STP生成树协议等。

（3）网络层。网络层是OSI/RM参考模型中的第三层，介于传输层和数据链路层之间。网络层将源自传输层的报文段或用户数据报添加上IP首部（IP首部包含源IP、目标IP等信息）封装成分组或包，交付给数据链路层处理。在通信子网，网络层接收数据链路层的数据帧，去掉数据帧的帧头和帧尾，从IP包首部提取目的IP地址，查询路由表，把数据包转发给下一跳。在主机设备中，网络层去掉IP首部，然后把数据上传至传输层，由传输层进行数据处理。IP数据报结构如图1-6所示。

网络层的主要功能是负责在不同网络之间选择最佳路由进行数据转发。它通过选择最佳路径和寻址方式来传送数据包，确保数据从源到目的地的正确到达。网络层的功能如图1-7所示。

网络层的典型网络设备有：路由器、防火墙、三层交换机等设备。

网络层的协议有：IP网际协议、ICMP互联网控制报文协议、IGMP网络组管理协议、ARP地址解析协议、RARP反向地址解析协议、RIP路由信息协议、OSPF开放式最短路径优先路由协议、BGP边界网关协议、IS-IS中间系统到中间系统路由协议、IPX互联网分组交换协等。

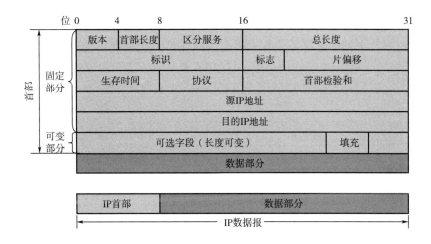

图 1-6 IP 数据报结构

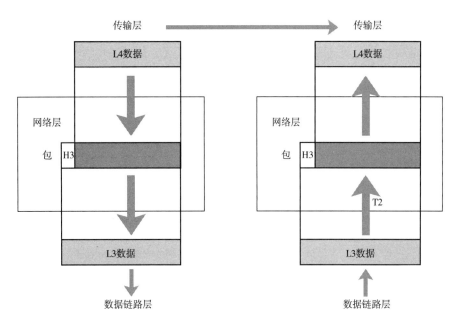

图 1-7 网络层功能示意图

（4）传输层。传输层既是 OSI/RM 参考模型中负责数据通信的最高层，又是面向网络通信的低三层和面向信息处理的高三层之间的中间层。该层弥补了高层所要求的服务和网络层所提供的服务之间的差距，并向高层用户屏蔽通信子网的细节，使高层用户看到的只是在两个传输实体间的一条端到端的、可由用户控制和设定的、可靠的数据通路。传输层接收会话层上不同进程的数据，如果数据较大，传输层将其切割成较小的数据单元，并依据不同的进程对每个数据单元添加上 TCP 首部（TCP 首部包含源端口、目标端口等信息）封装成段，然后交付给网络层处理。在目标主机上，传输层接收到网络层数据，去掉IP包首部信息，根据目标端口，把数据上传给会话层。TCP报文结构如图1-8所示，UDP报文结构如图1-9所示。

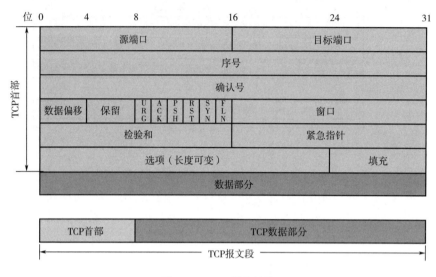

图1-8　TCP报文结构

图1-9　UDP报文结构

　　传输层在数据传输过程中有TCP、UDP两个典型协议。TCP协议是面向连接的服务，数据单元称为段，数据传输需要经过逻辑连接的建立、传输与释放过程。TCP建立连接的过程又称为"三次握手"。UDP协议全称是用户数据报协议，数据单元称为用户数据报，UDP协议是一种无连接的协议，不需要逻辑连接的建立、传输与释放过程，没有确认机制，无法得知数据是否安全完整到达。

　　传输层的主要功能是向两个主机中进程之间的通信提供服务，在两个进程之间建立一个逻辑传输通道，而网络层则负责在两个主机之间建立逻辑连接通道。传输层还具有分割数据与重组数据、按端口号寻址、连接管理、差错控制和流量控制的功能。传输层的功能如图1-10所示。

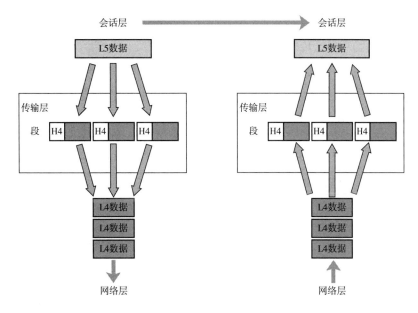

图1-10 传输层功能示意图

传输层协议主要有：TCP传输控制协议、UDP用户数据报协议、SPX序列分组交换协议。

（5）会话层。会话层工作在OSI/RM网络模型的第五层。会话层负责在两个通信实体之间建立会话连接，通过建立、维护与结束会话，组织和协调两个会话进程之间的通信，并为数据传送提供控制和管理。会话层功能如图1-11所示。

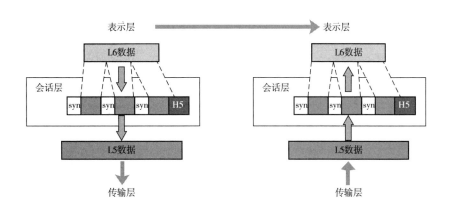

图1-11 会话层功能示意图

会话层协议主要有：RPC远程过程调用、SQL数据库、NFS网络文件系统、NetBIOS网络基本输入/输出系统。

（6）表示层。表示层工作在OSI/RM网络模型的第六层。表示层负责数据转换、代码转化和数据加密解密等服务。由于不同的终端可能有不同的数据表示方法，为确保数据成功传输，表示层将数据转换为标准通用格式再进行传输（如：将数据从EBCDIC代码转换为ASCII代码进行传输）。

表示层从应用层接收用户进程产生的数据后，进行数据转换与代码格式转化，必要时进行加密、压缩，然后传送至会话层。在目标主机，表示层通过解密、解压及扩展，再交给本主机的用户进程。表示层的功能如图1-12所示。

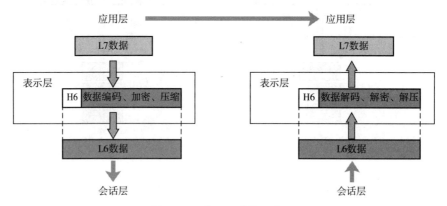

图1-12　表示层功能示意图

表示层的协议主要有：TIFF图像格式、GIF图像格式、JPEG图像格式、ASCII码、EBCDIC码、Encryption加密等。

（7）应用层。应用层是OSI/RM网络模型的最高层，是计算机用户及各种应用程序和网络之间的接口，其功能是直接向用户提供服务，完成用户希望在网络上完成的各种工作。应用层在其他六层工作的基础上负责完成网络中应用程序与网络操作系统之间的联系，并完成网络用户提出的各种网络服务及应用所需的监督、管理和服务等各种协议。

应用层直接为用户服务，包括文件传输、访问管理、电子邮件服务、查询服务及远程登录等。应用层的功能如图1-13所示。

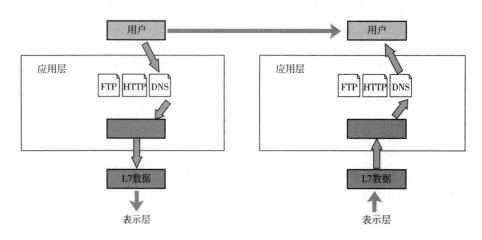

图1-13　应用层功能示意图

应用层协议主要有：HTTP超文本传输协议、FTP文件传输协议、TFTP简单文件传输协议、SMTP简单邮件传输协议等。

（三）OSI/RM网络模型数据传输过程

两台主机进行数据通信的过程实际上是数据在OSI/RM网络模型的七层协议中进行数据封装与解封装的过程。

1. 数据封装过程

（1）源主机应用程序产生的原始数据经表示层数据转换或代码转化、压缩、加密，并加上表示层头部信息后，传送给会话层；

（2）会话层接收到表示层的数据单元加上会话层头部信息，传送给传输层；

（3）传输层接收到会话层的数据单元，如果数据较大，传输层会对该数据单元进行分段，每段加上包含源端口、目标端口等信息的TCP首部或UDP首部，形成数据单元段，然后传送给网络层；

（4）网络层接收到传输层的数据单元段，对每个段加上包含源IP地址、目标IP地址等信息的IP首部后封装成分组或包，然后将分组或包发送给数据链路层；

（5）数据链路层接收到网络层数据单元即分组或包，在分组或包的前后分别添加包含源MAC地址、目标MAC地址的头部信息及具有检验的尾部信息封装成帧，把数据帧传送给物理层；

（6）物理层接收到数据帧后，通过一定技术把数据帧转换成二进制数据流，即比特流，然后通过传输介质传送给下一网络节点。

2. 数据解封装过程

（1）目标主机接收到传输数据后，通过物理层将电信号转化为二进制数据，并将其送至数据链路层；

（2）数据链路层接收到物理层的比特流转换成数据帧，然后拆除数据帧的帧头和帧尾，上传给网络层；

（3）网络层接收到数据包后，拆除IP首部得到数据段，并把数据段上传给传输层；

（4）传输层接收到数据段后，拆除TCP或UDP首部，然后将该数据上传给会话层；

（5）会话层接收到数据报后，拆除会话层首部上传给表示层；

（6）表示层接收到数据报后，拆除表示层首部得到应用程序数据，并上传给应用层。

数据封装解封装过程如图1-14所示。

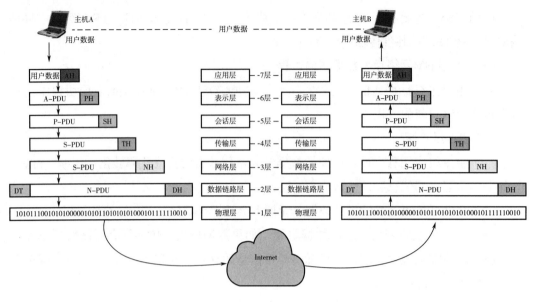

图1-14   数据封装解封装过程示意图

四、任务实施

（一）分析主机PC1发送信息的过程

在OSI/RM网络模型中，主机PC1的用户数据由上至下分别经过应用层、表示层、会话层、传输层、网络层、数据链路层和物理层，并在应用层、会话层、表示层、传输层、网络层、数据链路层分别添加首部，向下传送至下一层，最后在物理层生成二进制比特流，传送给交换机SW-A。

（二）分析交换机SW-A、SW-B数据接收与转发过程

交换机属于二层设备，仅有物理层和数据链路层。交换机通过物理层将电信号转化为二进制数据，并将其送至数据链路层，数据链路层获得二进制比特流（此时数据单元称为帧），从数据帧中查询目标MAC地址，根据MAC地址表，把数据帧再传送至物理层，由物理层传送给路由器R1或主机PC2。

（三）分析路由器R1、R2数据接收与转发过程

路由器属于三层设备，仅有物理层、数据链路层和网络层。路由器通过物理层把电信号转化为二进制数据，并将其送至数据链路层，数据链路层拆除数据帧头部与尾部信息后将数据传送给网络层，网络层根据数据包中目标IP地址，查询路由表，获知路由下一跳IP或接口，然后把数据包下传至数据链路层，数据链路层对收到的数据包添加头部信息（头部信息包含新源MAC地址、新目标MAC地址）和尾部信息封装成帧后，下传至物理层，物理层将数据转化为二进制比特流，并形成电信号从路由器相应端口发送出去。

（四）分析主机PC2接收信息的过程

主机PC2 的物理层把接收到电信号转化为二进制比特流，上传给数据链路层，数据链路层拆除数据帧的头部和尾部信息，再上传给网络层，网络层拆除数据包的IP首部，把数据上传给传输层，传输层拆除数据段的TCP或UDP首部，根据数据段提供的目标端口号，把数据上传给应用程序，并经会话层、表示层、应用层分别拆除其首部后，把数据交给主机PC2应用程序。

如图1-15所示，主机PC1经交换机、路由器传输数据至主机PC2。

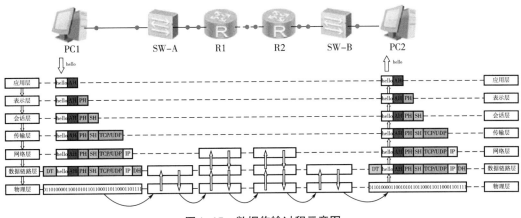

图1-15　数据传输过程示意图

五、知识拓展

（一）TCP/IP网络体系结构

OSI/RM七层网络参考模型概念清楚，理论体系也较为完整，但是它十分复杂，很不实用，在企业应用中常采用TCP/IP四层网络体系结构。为便于初学者理解计算机网络的具体概念，在学习计算机网络时，也常采用五层协议的体系结构。OSI/RM七层网络体系结构、TCP/IP四层网络体系结构及五层网络体系结构对比如表1-1所示。

表1-1　不同网络体系结构比较

OSI/RM七层体系结构	TCP/IP四层体系结构	五层体系结构
应用层	应用层	应用层
表示层		
会话层		
传输层	传输层	传输层
网络层	网际层	网络层
数据链路层	网络接口层	数据链路层
物理层		物理层

TCP/IP四层体系结构包括网络接口层、网际层、传输层和应用层四个层次。

网络接口层：包括OSI/RM网络参考模型中的物理层和数据链路层，通常包括操作系统中的设备驱动程序和计算机中对应的网络接口卡。它们一起处理与电缆（或其他任何传输媒介）的物理接口细节。

网际层：有时也称作网络层，主要完成路由选择功能。

传输层：主要为两台主机上的应用程序提供端到端的通信。在TCP/IP协议族中，有两个互不相同的传输协议：TCP（传输控制协议）和UDP（用户数据报协议）。TCP为应用层提供高可靠性的数据通信。UDP则为应用层提供一种非常简单的服务，提供无连接、尽最大努力的数据传输服务，属于不可靠的面向无连接的服务。

应用层：包括OSI/RM网络参考模型中的应用层、表示层和会话层，负责处理特定的应用程序细节。

（二）网络体系结构各层功能、设备及协议

表1-2　网络体系结构各层功能、设备及协议

OSI/RM七层体系结构	TCP/IP四层体系结构	主要功能	主要设备	相关协议
应用层	应用层	实现具体的应用功能	服务器	POP3、FTP、HTTP、Telnet、SMTP、DHCP、TFTP、SNMP、DNS、SMTP、SSH
表示层		数据的格式与表达、加密、解密、压缩		
会话层		建立、管理与终止对话		
传输层	传输层	端到端的连接	防火墙	TCP、UDP
网络层	网际层	分组传输和路由选择	三层交换机、路由器	ARP、RARP、IP、ICMP、IGMP
数据链路层	网络接口层	传送以帧为单位的信息	网桥、二层交换机、网卡	PPTP、L2TP、SLIP、PPP
物理层		实现电信号与二进制比特流转换	中继器、集线器	IEEE802系列

习题强化

1. 下列有关PDU（数据单元）的说法哪一个是正确的？（　　　）

A. 数据段包含MAC地址　　　　　B. 数据段包含IP地址

C. 分组包含IP地址　　　　　　　D. 分组包含MAC地址

2. 下列哪一项不是OSI/RM网络参考模型的优点？（　　　）

A. 将网络通信过程划分为更小、更简单的步骤

B. 鼓励行业标准化

C. 促使不同厂商采取一致的做法

D. 让不同类型的硬件和软件能够通信

3. 下列哪三项是TCP/IP包含的层？（　　　）

A. 应用层　　　　　B. 会话层　　　　C. 数据链路层　　　　D. 物理层

E. 网际网　　　　　F. 传输层

4. OSI/RM网络参考模型定义了一个（　　　）层的模型。

A. 8　　　　　　　B. 9　　　　　　　C. 6　　　　　　　D. 7

5. 在OSI/RM网络参考模型中，主要功能是格式转化、数据压缩与加密的是哪一层？（　　　）

A. 会话层　　　　　B. 网络层　　　　C. 表示层　　　　D. 应用层

6. 在OSI/RM网络参考模型中，主要功能是路由选择的是哪一层？（　　　）

A. 传输层　　　　　B. 网络层　　　　C. 数据链路层　　　D. 表示层

7. 哪一层数据单元称为"段"？（　　　）

A. 数据链路层　　　B. 网络层　　　　C. 传输层　　　　D. 物理层

8. 在OSI/RM网络参考模型中，把二进制比特流动划分为帧的层是（　　　）。

A. 网络层　　　　　B. 传输层　　　　C. 数据链路层　　　D. 会话层

9. 在OSI/RM网络参考模型中，提供建立、维护和拆除物理链路所需要的机械的、电气的、功能和规程的层是（　　　）。

A. 网络层　　　　　B. 物理层　　　　C. 数据链路层　　　D. 传输层

10. TCP/IP的IP提供的服务是（　　　）。

A. 传输层的服务　　　　　　　　　B. 网络层的服务

C. 数据链路层的服务　　　　　　　D. 会话层的服务

11. 通信子网的最高层是（　　　）。

A. 传输层　　　　　B. 网络层　　　　C. 表示层　　　　D. 会话层

12. 在OSI/RM网络参考模型中，路由器属于哪一层的设备？（　　　）

A. 网络层　　　　　B. 传输层　　　　C. 数据链路层　　　D. 物理层

13. 下列设备中，哪一种设备不在数据链路层？（　　　）

A. 二层交换机　　　B. 中继器　　　　C. 网桥　　　　　　D. 网卡

14. 简述OSI/RM网络参考模型中各层主要功能。

15. 以图表形式列出OSI/RM网络模型和TCP/IP网络模型。

16. 简述OSI/RM网络参考模型中数据传输层、网络层、数据链路层及物理层数据单元名称。

任务 2　认识网络设备

一、任务描述

某小学有 3 个计算机机房，每个机房配置 50 台电脑，有 10 个教研室，每个教研室配置电脑不超过 10 台。该小学正在建设小型校园局域网，要求局域网能够连接外网。假如你是该小学网络管理员，请你为该校园网建设选配网络设备，并画出网络拓扑图。

二、任务分析

组建小型局域网的主要硬件设备有网卡、中继器、集线器、网络传输介质、交换机、网桥、路由器、网关等。具体到小型校园局域网应该选配什么设备，就需要网络管理员熟悉每种网络设备的功能、性能及性价比，并能够应用选配的网络设备搭建网络拓扑结构。

三、相关知识

（一）中继器

1. 中继器概述

中继器（RP repeater）又称为转发器，工作于 OSI/RM 网络模型的物理层，作用是放大信号，补偿信号衰减，支持远距离通信。中继器实际上是一个信号放大器，如图 1-16 所示。

图 1-16　中继器

中继器将局域网的一个网段与另一个网段连接起来，并且可以连接不同类型的介质，从而达到延长网络距离的目的。但中继器延长网络距离不是无限制的，中继器的使用要遵循 5-4-3 原则。所谓 5-4-3 原则，就是指在一个网络中，一共可以分为 5 个网段，用 4 个中继器连接，允许其中 3 个网段连接网络设备，其他 2 个网段不能连接网络设备，只起延长传输距离的作用（如图 1-17 所示）。

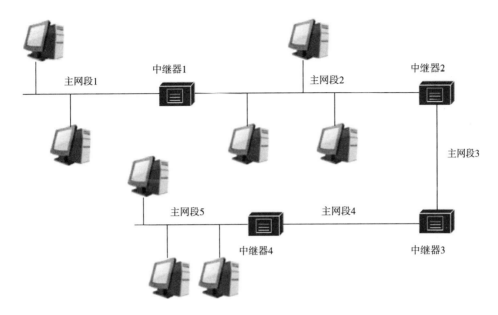

图1-17 中继器5-4-3原则图示

电磁信号在网络传输介质上传递时，由于衰减和噪声，使有效数据信号变得越来越弱。为保证数据的完整性，不同传输介质经中继器组建的网络长度均有最大网络长度限制。如细缆10Base-2最大网段长度为185米，最大网络长度不能超过925米；粗缆10Base-5最大网段长度为500米，最大网络长度不能超过2500米；双绞线10Base-T最大网段长度为100米，最大网络长度不能超过500米。

2. 中继器的分类

根据所连接传输介质的不同，中继器可以分为以下类型：

粗同轴电缆中继器：中继器两端为粗同轴电缆10Base-5。

细同轴电缆中继器：中继器两端为细同轴电缆10Base-2。

双绞线中继器：中继器两端为双绞线。

光纤中继器：中继器两端为光纤。

混合型中继器：中继器两端为不同类型的传输介质。

3. 中继器优缺点

（1）优点：

①安装简单、使用方便、价格相对低廉。

②扩大通信距离。

③增加节点最大数目。

④各个网段可使用不同的通信速率。

⑤提高了可靠性，当网络出现故障时，一般只影响个别网段。

（2）缺点：

①中继器对收到的衰减信号进行再生，然后转发出去，增加了延时。

②不具备数据过滤及流量控制功能。当网络上的负荷很重时，可能会由于中继器缓冲区的存储空间不够而发生溢出，导致帧丢失。

③中继器若出现故障，对相邻两个网段的工作都将产生影响。

（二）集线器

1. 集线器概述

集线器又称为集中器，英文名称为Hub，工作于OSI/RM网络模型的物理层。集线器的主要功能是对接收到的信号进行再生整形放大，以扩大网络的传输距离，同时把所有节点集中在以它为中心的节点上。集线器实质上是一个多端口的中继器（如图1-18所示）。

图1-18　集线器

集线器是一个共享设备，所有端口共享一个带宽，一个端口接收到信号后，经再生放大会转发到其他所有端口，因此集线器是以广播方式转发数据包，一台集线器就是一个冲突域。集线器采用CSMA/CD（载波监听多路访问/冲突检测）协议，同一时刻只能有两个端口传送数据，其他端口处于等待状态。

2. 集线器的分类

（1）根据带宽分类。根据集线器带宽的不同，集线器可分为10Mbps集线器、100Mbps集线器、10/100Mbps自适应集线器和1000Mbps集线器等。

10Mbps集线器、100Mbps集线器、1000Mbps集线器是指集线器的所有端口均只能提供10Mbps带宽、100Mbps带宽或1000Mbps带宽；1000Mbps集线器属于千兆级集线器，价格较贵。

10/100Mbps自适应集线器，也称双速集线器，这种集线器可以在10Mbps和100Mbps间进行切换，可以工作在两种不同的速率下，每个端口可以自动判断与之相连接设备所能提供的传输速率，并自动调整与对端设备相适应的传输速率。

（2）根据管理方式分类。根据集线器的不同管理方式，集线器又分为不可管理集线器和可管理集线器。

不可管理的集线器只起信号放大和复制作用，无法对网络进行优化。

可管理集线器又称为智能型集线器，可管理集线器可以通过简单网络管理协议进行管理。目前市场上大部分集线器都属于可管理集线器。

（3）根据配置形式分类。根据集线器的配置形式，集线器分为独立型集线器、模块化集线器和堆叠式集线器。

独立型集线器是最早使用的设备，具有价格低、容易查找故障、网络管理方便等优点，在小型的局域网中广泛使用。

模块化集线器配有机架和多个卡槽，每个卡槽中可安装一块卡，每块卡的功能相当于一个独立型的集线器，多块卡通过安装在机架上的通信底板进行互连并进行相互间的通信。常用的模块化集线器一般有4～14个插槽。模块化集线器便于对用户的集中管理，广泛应用于较大网络。

可堆叠式集线器利用高速总线将单个独立型集线器"堆叠"或短距离连接，其作用就像一个模块化集线器一样，可以当作一个单元设备来进行管理。在堆叠中可以使用一个可管理集线器对此堆叠中的其他集线器进行管理。可堆叠式集线器可非常方便地实现对网络的扩充，是新建网络时最理想的选择。

3. 集线器的堆叠与级联

在搭建局域网时，当集线器的端口不够用时，可以通过集线器级联或堆叠方式增加端口数。

（1）堆叠。集线器堆叠是通过厂家提供的一条专用连接电缆，从一台集线器的"UP"堆叠端口直接连接到另一台集线器的"DOWN"堆叠端口，以实现单台集线器端口数的扩充。

当多个集线器堆叠连接在一起时，其作用就像一个模块化集线器一样，堆叠在一起的集线器可以当作一个单元设备进行管理。一般情况下，当有多个集线器堆叠时，其中存在一个可管理集线器，可利用该可管理集线器对堆叠集线器中的其他集线器进行管理。

堆叠是通过集线器的背板连接起来的，它是一种建立在芯片级上的连接，如2个24口集线器堆叠起来的效果就像一个48口的集线器，不存在传输瓶颈问题。由于堆叠式集线器共享带宽，当连接的计算机数量较多时，会使数据传输速率和效率降低，因此，堆叠中的集线器数量及堆叠层数不能太多，一般堆叠数量为5～8个。

堆叠时只有在同一厂商的设备之间进行，且此设备须具有堆叠功能，各个厂商之间不支持混合堆叠。

集线器常见的堆叠连接方式有菊花链堆叠（如图1-19所示）和星型堆叠（如图1-20所示）。

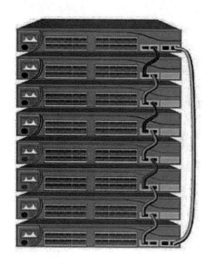

图1-19　菊花链堆叠示意图

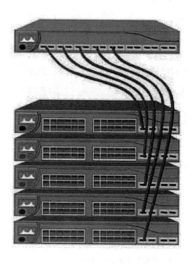

图1-20　星型堆叠示意图

（2）级联。级联是增加网络端口的另一种方法。在可供级联的集线器上通常有标有"Uplink"或"MDI"字样的端口，通过此端口与其他集线器进行级联。如果没有提供专门的级联端口而必须进行级联时，可以用普通的双绞线按照跳线方式进行连接。集线器级联方法如图1-21所示。

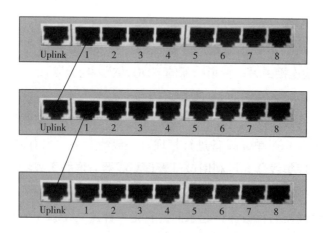

图1-21　集线器级联示意图

级联能够通过一根双绞线实现不同厂商的集线器之间的级联，参与级联的集线器必须具有相同类型端口。级联在理论上没有级联个数的限制，但多个设备级联时会产生传输瓶颈问题。

级联与堆叠都可以实现端口数量的扩充，扩展网络规模，但级联还能够增加连接距离，扩大网络覆盖范围。级联后，每台集线器逻辑上仍然是独立管理的，不能像堆叠集线器一样可以作为一个单元进行管理。

4. 集线器工作过程

集线器工作于OSI/RM参考模型的物理层，只对信号进行整形、放大后再重发，不进行编码。集线器从一个端口接收到信号后，将衰减的信号进行整形放大，然后把信号广播转发给其他所有端口。集线器工作过程如图1-22所示。

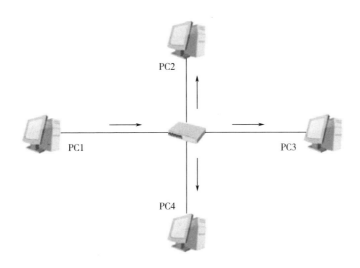

图1-22　集线器工作过程示意图

5. 集线器的优缺点

（1）优点：

①成本低。与其他网络设备相比，集线器的成本较低，在小型网络中经常使用。

②简单易用。集线器配置简单，即插即用，不需要任何专业的网络知识。

③扩展性强。通过级联或堆叠技术，可以扩展网络端口或覆盖范围。

④稳定性好。在小型局域网中，集线器的稳定性和可靠性好，不需要太多维护。

（2）缺点：

①带宽瓶颈。集线器连接的每台设备都共享带宽，因此，当网络流量增大时，集线器可能出现带宽拥堵问题。

②网络安全性差。由于集线器是一个共享设备，连接到集线器上的设备均位于同一个网络，设备之间的通信不是加密的，面临安全漏洞问题。

（三）网桥

1. 网桥概述

网桥也叫桥接器，工作在OSI/RM网络模型的数据链路层，它根据MAC帧的目的地址对收到的帧进行转发和过滤。当网桥收到一个帧时，并不是向所有的接口转发此帧，而是先检查此帧的目的MAC地址，然后再确定将此帧转发到哪一个接口，或者丢弃。网桥依靠转发表来转发帧，转发表也叫转发数据库或路由目录，网桥是通过内部的接口管理软件和网桥协议实体来完成操作的。

早期的网桥是两端口的二层网络设备，网桥的两个端口分别有一条独立的交换信道，可隔离冲突域。目前在工程上，网桥被具有更多端口、同时也可隔离冲突域的交换机所取代。

2. 网桥的分类

（1）根据路径选择算法不同，网桥分为透明网桥和源路由网桥。

透明网桥：透明网桥对任何数据站都完全透明，用户感觉不到它的存在，也无法对网桥寻址。所有的路由判决全部由网桥自己确定。透明网桥通过学习和建立MAC地址表，将MAC地址与网桥的接口绑定，以此来过滤和转发数据帧。当一个数据帧到达透明网桥的端口时，它会查看目标MAC地址，并将其与已学习到的MAC地址表进行比较。如果目标MAC地址在表中，则数据帧被发送到该端口，否则，数据帧将被广播到其他端口。

当透明网桥连入网络时，它能自动初始化并对自身进行配置。用户不需要改动硬件和软件，无须设置地址开关，无须装入路由表或参数。只需插入电缆就可以，现有的局域网的运行完全不受网桥的任何影响。

源路由网桥：源路由网桥规定，路由选择由发送数据帧的源站负责。发送数据帧时，源站以广播方式向目的站发送一个发现帧作为探测之用，然后根据经过的结点生成最佳路径。网桥把最佳路径信息放在帧首部，网桥只根据最佳路径信息对帧进行接收和转发。当网络规模很大时，用于路径探测的发现帧数目剧增，容易引起拥塞，因此，市场上透明网桥居多。

（2）根据网桥所处位置，网桥分为内桥、外桥。

内桥：内桥是文件服务器的一部分，通过在文件服务器内部连接两个以上的网卡，加上相应的网络操作系统和软件进行管理就可作为网桥使用，每个网卡连接一个网段。

外桥：外桥一般是专用的硬件网桥设备，独立于被连接的网络之外。通常将连接在网络上的工作站作为外桥。外桥工作站可以是专用的，也可以是非专用的。

（3）根据网桥分布的地理范围，网桥分为本地网桥和远程网桥。

本地网桥：本地网桥用于连接两个相邻的局域网段。

远程网桥：远程网桥是实现远程网之间连接的设备，通常用调制解调器与通信媒体连接，如用电话线实现两个局域网的连接。对远程网桥而言，主要目的是拓延地理范围。

内桥、外桥、远程网桥如图1-23~图1-25所示。

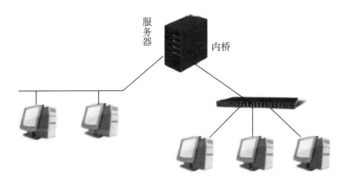

图1-23 内桥示意图

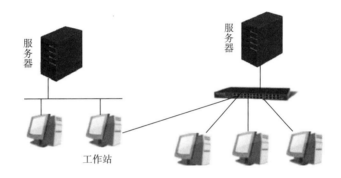

图1-24 外桥示意图

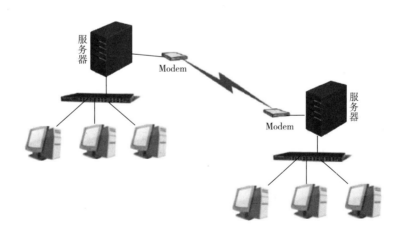

图1-25 远程网桥示意图

3. 网桥的工作过程

网桥的工作过程包括接收帧、检查帧和转发帧三个过程。

接收帧：网桥端口接收到数据帧后，先进行缓存处理。

检查与转发帧：每个网桥都有一个过滤数据库，又称为转发表，在转发表中记录了每个MAC地址与端口号的映射关系。网桥接收到数据帧后，在转发表中查找源MAC地址，如果转发表中没有源MAC地址，则把源MAC地址与对应的端口号记录到转发表，然后在转发表中查找目标MAC地址，如果目标MAC地址对应的端口与入端口相同，则丢弃数据帧，否则把数据帧转到目标MAC地址对应的端口号，如果在转发表中找不到目标MAC地址，则进行泛洪（广播），把该数据帧从网桥另一端口转发出去。

如图1-26所示，通过网桥的两个端口连接网段1和网段2。

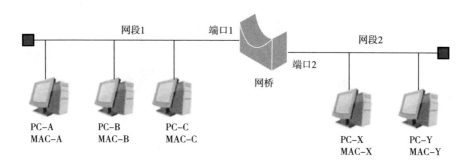

图1-26　网桥连接不同网段

在数据通信过程中，网桥通过自学习及泛洪建立转发表，并根据转发表对数据进行转发。

（1）通过自学习及泛洪建立转发表，如图1-27所示。

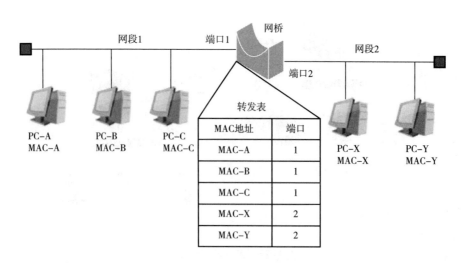

图1-27　网桥建立转发表

（2）数据转发。转发表建立后，当PC-A向PC-B发送数据帧时，网桥的端口1接收

数据帧后，网桥在转发表中查找主机PC-B的MAC-B地址所对应的端口号，发现MAC-B
地址对应的端口与接收端口相同，便丢弃PC-A发送的数据帧（如图1-28所示）。

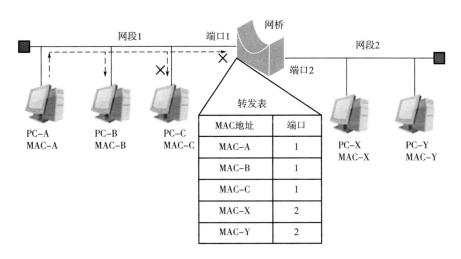

图1-28   端口1丢弃数据帧

当PC-C向PC-X发送数据帧时，网桥的端口1接收到数据帧，网桥在转发表中查找
主机PC-X的MAC-X地址所对应的端口号，发现MAC-X地址对应的端口号是端口2，于
是网桥将PC-C发送过来的数据帧从端口2转发出去（如图1-29所示）。

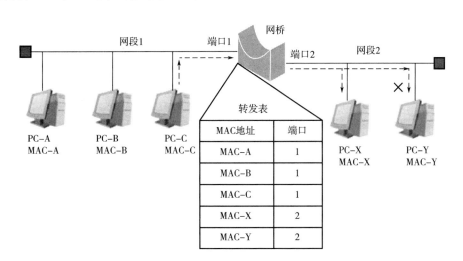

图1-29   网桥通过端口2转发数据帧

4. 网桥的优缺点

（1）网桥的优点有：

①具有数据过滤功能。网桥能够限制局域网上同一网段上的数据转发到其他网段。

②扩大地理范围，增加局域网上工作站数量。

③可连接不同的传输介质，也可以连接不同的局域网。

④提高传输可靠性。网桥把较大的局域网分割成若干较小的局域网，隔离了冲突域，提高了网络可靠性。

（2）网桥的缺点有：

①增加时延。网桥对接收的帧要先存储，再查找转发表进行转发，在一定程度上增加了时延。

②没有流量控制功能。当网络上负荷很重时，可能因网桥缓存区空间不够而发生溢出，导致帧丢失。

③容易产生广播风暴。当局域网中用户数较多或信息量较大时，容易产生广播风暴。

（四）交换机

1. 交换机概述

交换机，英文switch，工作在OSI/RM网络模型的数据链路层，是一种用于数据转发的网络设备。网桥一般是两端口的，而交换机则是一种多端口的网桥，交换机工作时，允许多组端口间的通道同时工作。交换机的功能不仅仅体现出一个网桥的功能，而是多个网桥功能的集合。华为S6720-32C-PWH-SI-AC交换机外观结构如图1-30所示。

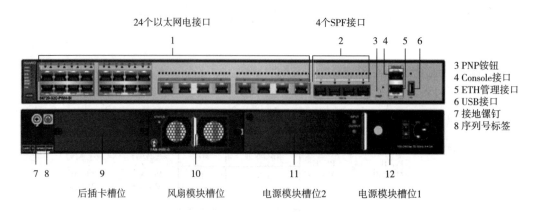

图1-30　华为S6720交换机外观结构

集线器是一种共享设备，当集线器的一个端口发送信息时，其他端口都能够收到信息，容易产生广播风暴，使网络性能受到很大影响。而交换机拥有一条带宽很高的背部总线和内部交换矩阵，所有端口都挂接在这条背部总线上，当交换机工作时，只有源端口与目标端口之间传送数据，其他端口不受影响，因此交换机能够隔离冲突域，抑制广播风暴，独享带宽。

由于交换机具有更高的传输速度、更好的性能、更好的安全性和可靠性以及更丰富的功能等优势，在网络搭建工程中，集线器和网桥等设备正在被交换机所取代。

2. 交换机的分类

（1）根据网络覆盖范围，交换机分为广域网交换机和局域网交换机。

广域网交换机主要用于电信领域，提供基本的通信平台。局域网交换机应用于局域网，用于连接PC、网络打印机等终端设备。

（2）根据网络结构形态，交换机分为接入交换机、汇聚交换机和核心交换机。

在网络设计中通常采取三层网络架构，也就是将复杂的网络设计分成接入层、汇聚层、核心层三个层次，如图1-31所示。核心层主要用于网络的高速交换主干；汇聚层着重于提供基于策略的连接，位于接入层和核心层之间；而接入层则负责将包括电脑、AP（接入点）等在内的工作站接入网络。对应用于不同网络层次的交换机，又把交换机分为接入层交换机、汇聚层交换机和核心层交换机。

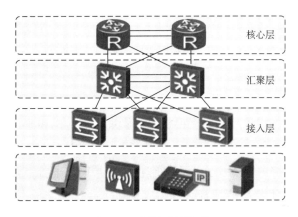

图1-31 网络分层架构

接入层的主要目的是允许终端用户连接到网络，解决相邻用户之间的互访需求，并且为这些访问提供足够的带宽。因此接入层交换机往往具有低成本和高端口密度特性，通常使用性价比高的设备。

汇聚层具有实施策略、安全、工作组接入、源地址或目的地址过滤等多种功能，是实现策略的地方。汇聚层交换机是多台接入层交换机的汇聚点，处理来自接入层设备的所有通信量，并提供到核心层的上行链路，汇聚层交换机与接入层交换机相比，需要更高的性能和交换速度以及更少的接口。在实际应用中，为了节省成本，减轻维护负担，在传输距离短且核心层直接连接接入层的情况下，汇聚层可以被省略。

核心层位于网络的主干部分，主要目的在于通过高速转发通信，提供快速、可靠的骨干传输结构，因此核心层交换机常采用拥有更高带宽、更高可靠性、更高性能和吞吐量的千兆甚至万兆以上可管理的高性能交换机。

（3）根据传输介质和传输速度，交换机可分为以太网交换机、快速以太网交换机、千兆以太网交换机、FDDI交换机、ATM交换机和令牌环交换机。

以太网交换机：以太网交换机是最常见的交换机类型，它使用以太网（Ethernet）作为传输介质，支持各种以太网协议。

快速以太网交换机：快速以太网交换机支持100M传输速度，传输速度较以太网交换机更快。

千兆以太网交换机：千兆以太网交换机是最快的以太网交换机类型，支持1Gbps传输速度，适用于大型网络和高带宽应用。

FDDI交换机：FDDI交换机使用双环光缆，是一种分布式数据传输方法，适用于高速数据传输。

ATM交换机：ATM交换机适用于异步传输模式（ATM）网络，支持连接各种类型的银行账户和ATM服务。

令牌环交换机：令牌环交换机主要用于部门级应用，如电子商务和企业通信。

（4）根据OSI/RM网络模型，交换机分第二层交换机、第三层交换机、第四层交换机。

基于MAC地址工作的第二层交换机最为普遍，工作在数据链路层。基于IP地址和协议进行交换的第三层交换机普遍工作在网络层。第四层交换机工作于传输层，直接面对具体应用。

（5）根据交换机的管理特性，交换机分为管理型交换机和非管理型交换机。

管理型交换机和非管理型交换机的区别在于是否支持SNMP（简单网络管理协议）、RMON（远程网络监控）等协议。管理型交换机支持网络监控、流量分析，价格较高。对于中大型网络，在汇聚层应选择管理型交换机，在接入层根据具体需求而定，核心层交换机则全都是管理型交换机。管理型交换机通常具有可远程访问的控制台（命令行或Web界面），管理员可以在不同物理位置进行配置。非管理型交换机是"即插即用"的，附带固定配置，不允许对此配置进行任何更改。

（6）根据交换机是否支持堆叠，分为可堆叠交换机和不可堆叠交换机。

可堆叠交换机是一种功能齐全的网络交换机，可以独立工作，也可以与一台以上的交换机组合起来共同工作，以便在有限的空间内提供尽可能多的端口。多台交换机经过堆叠形成一个堆叠单元，从而大大增加了网络的容量。

（7）根据规模应用，交换机分为企业级交换机、部门级交换机和工作组交换机等。

一般来讲，企业级交换机都是机架式，部门级交换机可以是机架式，也可以是固定配置式，而工作组级交换机则一般为固定配置式，功能较为简单。从应用规模来看，作为骨干交换机时，支持500个信息点以上大型企业应用的交换机为企业级交换机，支持300个信息点以内中型企业的交换机为部门级交换机，而支持100个信息点以内的交换机为工作组级交换机。

3. 交换机堆叠与级联

（1）交换机堆叠。交换机堆叠是通过厂家提供的一条专用连接电缆，实现交换机堆叠。交换机堆叠包括堆叠主交换机和堆叠备交换机。通常，除了堆叠主交换机之外，一个堆栈中的其他交换机称为堆叠备交换机。用户可以通过堆叠主交换机登录堆叠系统，并对堆叠系统的所有交换机进行统一配置和管理。如果主交换机发生故障，堆叠系统会从备交换机中选择新的堆叠主交换机，且不会影响整个网络的性能。

典型的堆叠拓扑类型是链形拓扑和环形拓扑。对于华为交换机来说，链形拓扑和环形拓扑又可通过业务接口和堆叠卡实现连接。其连接方式如图1-32～图1-35所示。

图1-32　华为交换机业务口链形拓扑连接示意图

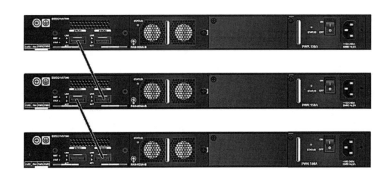

图1-33　华为交换机堆叠卡链形拓扑连接示意图

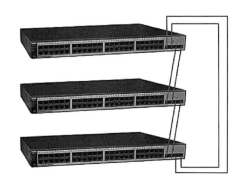

图1-34　华为交换机业务口环形拓扑连接示意图

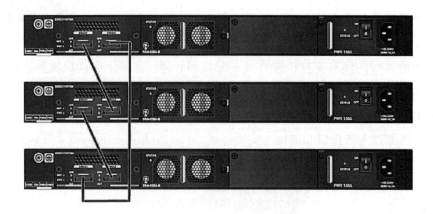

图1-35　华为交换机堆叠卡环形拓扑连接示意

（2）交换机级联。交换机级联是指将多台交换机连接起来，形成一个逻辑上的整体。通过级联，可以扩展网络规模，提高网络的容量和性能。级联还可以增强网络的可靠性，当某一台交换机出现故障时，其他交换机可以自动接替其功能，确保网络正常运行。

工业交换机之间通过面板上的Up-Link口级联。Up-Link口实际上是一个反接的RJ-45口，将一台工业交换机的Up-Link口接到另一台工业交换机的任何一个RJ-45即实现工业交换机之间的级联，如图1-36所示。也可以使用交叉电缆分别连接两台交换机的普通端口实现级联，如图1-37所示。

普通双绞线

图1-36　普通双绞线级联

交叉双绞线

图1-37　交叉双绞线级联

4. 交换机的工作过程

同网桥类似，在交换机内部有一个MAC地址表，存放了MAC地址与交换机端口的映射关系。当一个帧进入交换机后，交换机会检查这个帧的源MAC地址，并将该源MAC地址与源端口的映射关系存放进MAC地址表中。然后在MAC地址表里查找目标

MAC地址所对应的端口，如果查到目标MAC地址对应的端口，则将帧从该端口转发出去，如果查不到目标MAC地址，则通过泛洪（广播）方式，向其他所有端口转发帧。交换机收到目标主机的回应后，会把目标MAC地址与端口的映射关系存入MAC地址表，经过多次通信，交换机建立了完整的MAC地址表。主机间再次进行通信时，交换机根据MAC地址表中目标MAC地址对应的端口进行数据转发。

交换机与网桥的不同之处在于：交换机是多端口的，其MAC地址表中MAC地址与端口的映射关系是一对一的，而网桥的转发表中MAC地址与端口的映射关系是多对一的。

下面，以图1-38所示网络拓扑，示例交换机的工作过程。

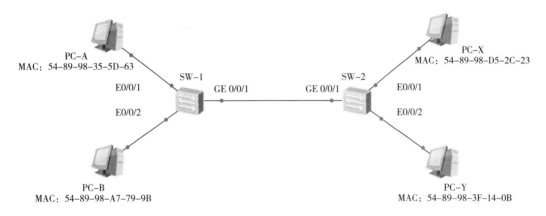

图1-38 交换机工作过程示例

（1）交换机初始状态。初始状态下，交换机的MAC地址表是空的，如图1-39所示。

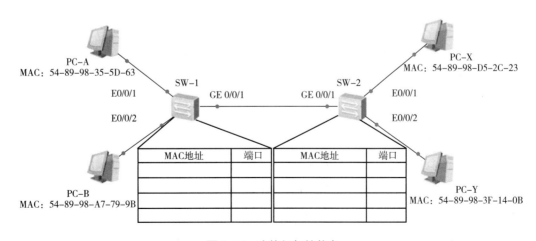

图1-39 交换机初始状态

（2）交换机MAC地址学习过程。假设主机PC-A向主机PC-Y发送数据帧，交换机SW-1从端口E0/0/1接收帧，把PC-A的MAC地址与E0/0/1端口的映射关系存入本交换机的MAC地址表，如图1-40所示。

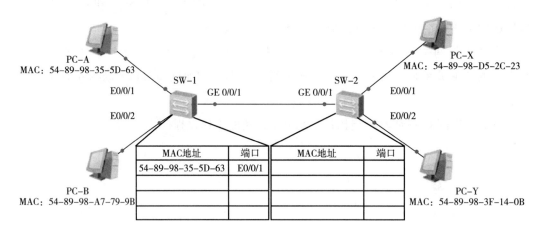

图1-40　SW-1记录MAC地址与端口映射关系

然后，交换机在交换机SW-1的MAC地址表中查找PC-Y的MAC地址，没找到，于是把数据帧向其他所有端口泛洪（广播），如图1-41所示。

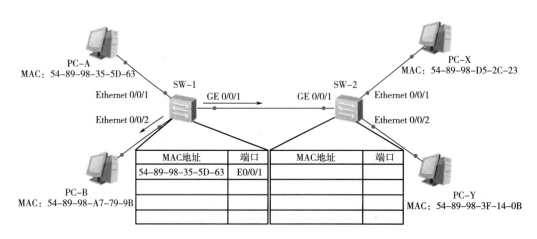

图1-41　交换机SW-1向其他端口泛洪

主机PC-B接收到数据帧后，发现目标MAC地址与自己的MAC地址不同，丢弃帧。交换机SW-2接收到广播帧后，把PC-A的MAC地址与SW-2的入端口GE0/0/1的映射关系存入SW-2的MAC地址表，如图1-42所示。

交换机SW-2在自己的MAC地址表中查找PC-Y的MAC地址，没找到，于是将数据帧向其他端口泛洪。如图1-43所示。

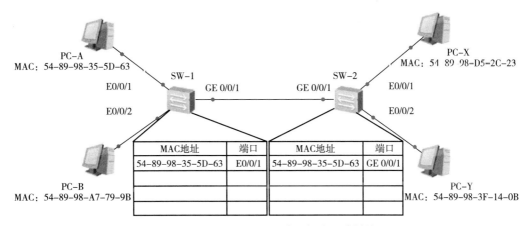

图1-42 SW-2记录MAC地址与端口映射关系

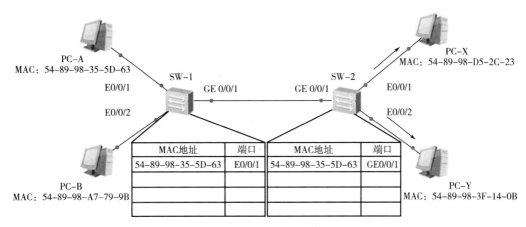

图1-43 交换机SW-2向其他端口泛洪

主机PC-X收到数据帧后丢弃，主机PC-Y收到数据帧后，向源主机PC-A回复信息。当PC-Y的回复的帧从端口E0/0/2进入交换机后，交换机把主机PC-Y的MAC地址与端口E0/0/2的映射关系存入MAC地址表，如图1-44所示。

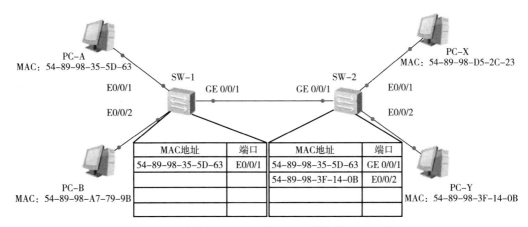

图1-44 交换机SW-2记录MAC地址与端口映射关系

交换机SW-2从自己的MAC地址表中查到PC-A的MAC地址对应的端口GE0/0/1，于是把PC-Y发送的数据帧通过GE0/0/1发送给交换机SW-1。交换机SW-1接收到数据帧后，把PC-Y的MAC地址与入端口GE0/0/1存入SW-1的MAC地址表，如图1-45所示。

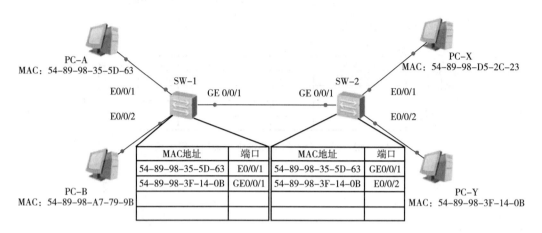

图1-45　交换机SW-1记录MAC地址与端口映射关系

交换机SW-1从MAC地址表中查找到PC-A的MAC地址所对应的端口E0/0/1，于是，通过端口E0/0/1把PC-Y的数据帧转发给PC-A。经过局域网中主机多次通信后，交换机SW-1、SW-2均建立了完整的MAC地址表，如图1-46所示。

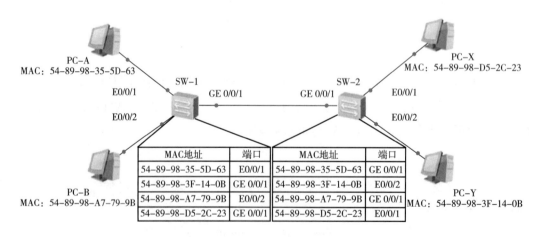

图1-46　交换机建立完整的MAC地址表

（3）数据转发过程。交换机建立完成的MAC地址表后，主机再次通信时，交换机从MAC地址表中查找目标MAC对应的端口，从该端口转发数据。

假设，主机PC-A与PC-X通信。交换机经E0/0/1端口接收到主机PC-A发送的数据帧，交换机查找MAC地址表，获知数据帧的目标MAC地址54-89-98-D5-2C-23对应的端口为GE0/0/1，于是数据帧经GE0/0/1端口转发给交换机SW-2。交换机SW-2接收到数据帧后，查找MAC地址表，获知数据帧的目标MAC地址 54-89-98-D5-2C-23 对应的端口为E0/0/1，于是交换机SW-2把数据帧经E0/0/1转发给主机PC-X，如图1-47所示。

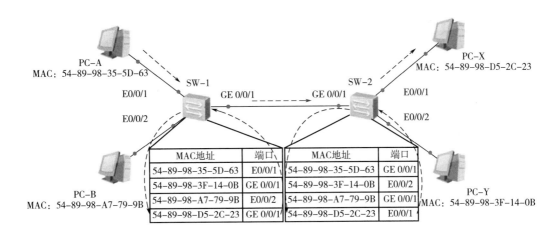

图1-47　交换机根据完整的MAC地址进行数据转发

5. 交换机的优缺点

（1）优点有：

①高速传输。以太网交换机具有高速数据传输的优势，可以实现千兆甚至万兆的数据传输速度。

②灵活性。以太网交换机可以根据不同的网络设备的需求，自动切换和配置不同的网络端口。

③安全性。以太网交换机可以通过MAC地址过滤和VLAN（Virtual Local Area Network，虚拟局域网络）隔离来保证网络的安全性，防止未授权的访问和数据泄露。

④可扩展性。以太网交换机可以通过堆叠或级联方式扩展网络规模，支持更多的网络设备连接。

（2）缺点有：

①单播风暴。当网络中出现某个设备向其他所有设备发送大量的单播数据包时，可能会导致网络拥堵，影响其他设备的正常通信。

②容易遭受攻击。以太网交换机在MAC地址学习和转发方面存在一定的漏洞，可能会遭受恶意攻击，如ARP欺骗、MAC地址欺骗等。

（五）路由器

1. 路由器概述

路由器又称为网关，英文为Router，工作在OSI/RM网络模型的第三层网络层，是一种连接两个或多个网络的硬件设备，用于在多个网络之间转发数据包。华为

AR2204-24GE路由器外观结构如图1-48所示。

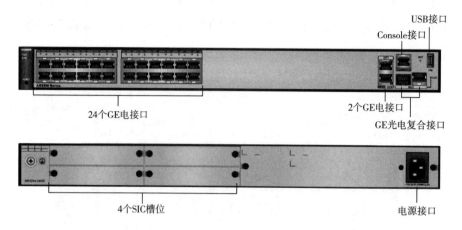

图1-48　华为AR2204路由器外观结构

　　路由器的主要功能是路由，而所谓路由，就是指在多条网络连接中，路由器从一个接口收到数据包，根据数据包的目的地址选择一条最佳传输路径，并将该数据包有效地传送到目的站点的过程。

　　路由器是依据路由表完成路由功能的。每个路由器都存在一个路由表（routing table），路由表是一个网络设备（如路由器、三层交换机、网络终端等）中存储数据的表格，包含了该设备可到达其他网络的信息和如何到达这些网络的路径。路由表中的每一条记录称为路由项（或路由记录），它指示了到达某个目标网络的下一跳IP地址或直连接口，并指定了到达目标网络的路由协议和距离等信息。路由器的路由表如图1-49所示。

目标网段 Destination/Mask	协议 Proto	优先级 Pre	开销 Cost	路由标记 Flags	下一跳 NextHop	接口 Interface
10.0.1.0/24	Direct	0	0	D	10.0.1.1	GigabitEthernet0/0/1
10.0.1.1/32	Direct	0	0	D	127.0.0.1	GigabitEthernet0/0/1
10.0.1.255/32	Direct	0	0	D	127.0.0.1	GigabitEthernet0/0/1
10.0.2.0/24	Direct	0	0	D	10.0.2.1	GigabitEthernet0/0/0
10.0.2.1/32	Direct	0	0	D	127.0.0.1	GigabitEthernet0/0/0
10.0.2.255/32	Direct	0	0	D	127.0.0.1	GigabitEthernet0/0/0
10.0.3.0/24	RIP	100	1	D	10.0.2.2	GigabitEthernet0/0/0
172.16.1.0/24	RIP	100	2	D	10.0.2.2	GigabitEthernet0/0/0
192.168.10.0/24	RIP	100	2	D	10.0.2.2	GigabitEthernet0/0/0
202.102.56.0/24	RIP	100	1	D	10.0.2.2	GigabitEthernet0/0/0

图1-49　路由表示意图

　　路由表可以是由系统管理员手动配置，也可以由系统根据一定的路由协议动态生成。由系统管理员手动配置的路由表称为静态（static）路由表，静态路由不会随网络结构的改变而改变。由系统动态生成的路由表称为动态（dynamic）路由表，动态路由表会随着网络结构的变化而变化。

路由器除了提供路由功能外，还具有防火墙、网络地址转换（NAT）、端口转发、动态主机配置协议（DHCP）等功能，以保护网络安全并提高网络性能。

2. 路由器的分类

（1）根据路由器支持的协议，路由器可分为单协议路由器和多协议路由器。

单协议路由器只支持一种特定的协议，使用范围有限，仅仅充当一个分组转换器；多协议路由器支持多种协议，在一条数据链路上能够依据多个协议（如TCP/IP、IPX）转发数据包。

（2）根据路由器的结构，路由器可分为模块化路由器和非模块化路由器。

模块化路由器的接口类型及部分扩展功能可以根据用户的实际需求来配置，通常中高端路由器为模块化结构；低端路由器为非模块化结构。

（3）根据网络位置，路由器可分为核心路由器与接入路由器。

核心路由器位于网络中心，通常使用高端路由器，要求快速的包交换能力与高速的网络接口，通常是模块化结构；接入路由器位于网络边缘，通常使用中低端路由器，要求相对低速的端口以及较强的接入控制能力。

（4）根据路由器的功能，路由器分为通用路由器与专用路由器。

一般所说的路由器为通用路由器；专用路由器通常为实现某种特定功能对路由器接口、硬件等进行专门优化。

3. 路由器的工作过程

当一个数据包到达路由器时，路由器检查数据包的目的地址，并从路由表中查找目的地址对应的下一跳IP地址或直连接口，如果找到下一跳IP地址或直连接口，则进行转发，否则丢弃该数据包。

下面以图1-50所示网络拓扑，示例路由器的工作过程。

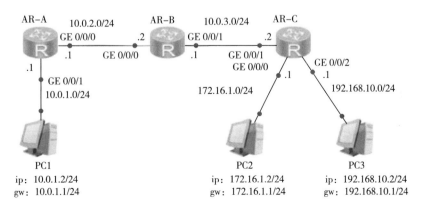

图1-50　路由器工作过程示例拓扑

假设主机PC1向主机PC3发送数据包。其工作过程如图1-51所示。

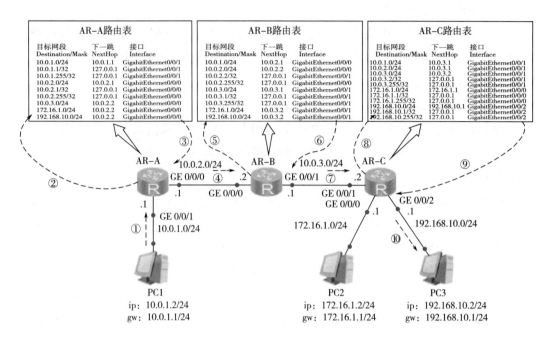

图1-51 路由器工作过程示意图

四、任务实施

（一）根据任务描述，确定所需网络设备类型

根据该小学校园局域网规模，综合考虑目前局域网建设主流网络设备、网络设备性价比及局域网扩展能力，该校园网应选配路由器一台、交换机22台（其中核心交换机1台、汇聚交换机2台、接入层交换机19台）、光纤、六类双绞线等。网络设备具体要求如表1-3所示。

表1-3 小型校园网硬件配置一览表

名称	数量	功能描述
路由器	1	与核心交换机连接，负责连接外网，需要配置企业级路由器。千兆级端口；端口数不少于5个；带机量300台；为扩展无线网络，需要内置AC功能；具有防火墙、网络地址转换（NAT）、动态主机配置协议（DHCP）等功能
核心层交换机	1	上行与路由器连接，下行连接汇聚层交换机，具有三层网管功能，千兆级电口+千兆光口
汇聚层交换机-1	1	上行与核心交换机连接，下行与机房接入层交换机连接，8个全千兆电口，2个全千兆光口，具有网管功能

续表

名称	数量	功能描述
汇聚层交换机-2	1	上行与核心交换机连接，下行与办公室交换机连接，16个全千兆电口，3个全千兆光口，具有网管功能
接入层交换机-1	9	机房接入层交换机，上行与汇聚层交换机连接，24个千兆RJ45端口，每个机房配置3台交换机，级联；非网管功能
接入层交换机-2	10	办公室接入层交换机，上行与汇聚层交换机连接，16个千兆RJ45端口，每个办公室配置1台交换机；非网管功能
光纤	—	单模光纤，用汇聚层交换机与核心层交换机的连接
六类双绞线	—	用于接入层交换机与汇聚层交换机的连接

（二）根据硬件选配绘制网络拓

网络拓扑如图1-52所示。

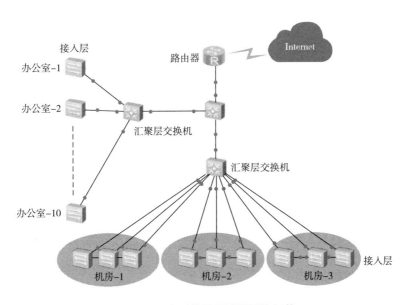

图1-52 小型校园局域网网络拓扑

五、知识拓展

（一）CSMA/CD（载波侦听多路访问/冲突检测）

CSMA/CD（Carrier Sense Multiple Access/collision detection，载波侦听多路访问/冲突检测）是局域网使用的一种介质访问控制协议。该协议的基本原理是：每个节点都共享网络传输信道，在每个站要发送数据之前，都会检测信道是否空闲，如果空闲则发送，否则就等待；在发送出信息后，则对冲突进行检测，当发现冲突时，则取消发送。

CSMA/CD工作机制：节点在发送数据之前先侦听信道，一旦发现信道空闲，则立刻发送数据。在发送数据的同时，节点持续侦听信道，若传输过程中没有其他节点的传输，那么成功传输。成功传输后，节点等待一定的时间间隔后再进行下一次传输。

若在传输过程中检测到其他节点也在传输，即侦听到冲突，节点立刻停止当前的传输，并且发送特定的干扰序列，用以加强该次冲突，以保证其他所有节点都能够侦听到该冲突，发送完干扰序列后，节点等待一个随机产生的后退时间间隙后重发数据。

CSMA/CD的工作机制十六字口诀：先听后发，边听边发，冲突停发，随机重发。

（二）冲突域

冲突域是一种物理分段，是指连接到同一导线上所有工作站的集合、同一物理网段上所有节点的集合或是以太网上竞争同一带宽节点的集合。冲突域表示冲突发生并传播的区域，这个区域可以被认为是共享段。在OSI/RM参考网络模型中，冲突域被看作OSI/RM第一层的概念，连接同一冲突域的设备有集线器、中继器或其他简单的对信号进行复制的设备。其中，使用第一层设备（如中继器、集线器）连接的所有节点可被认为是在同一个冲突域内，而第二层设备（如网桥、交换机）和第三层设备（如路由器）既可以划分冲突域，也可以连接不同的冲突域。

（三）广播域

广播域是指可以接收到同样广播消息的设备的集合。在该集合中的任何一个设备传输一个广播帧，则其他所有能够接收到这个帧的设备都是该广播域的一部分。在网络通信中，许多网络设备需要进行广播，而广播信号太多，则会消耗大量带宽，降低网络传输效率。广播域被看作OSI/RM第二层的概念，因此由中继器、集线器、网桥、交换机等第一、二层设备连接的节点被认为是在同一个广播域中，而路由器、第三层交换机等三层设备不转发广播信号，可以隔离广播域。

第一层设备（如中继器、集线器）不能隔离冲突域和广播域；第二层设备（如网桥、交换机）能隔离冲突域，但不能隔离广播域；第三层设备（如路由器）既能隔离冲突域，又能隔离广播域。

习题强化

1.具有隔离广播的网络设备是（　　　）。

A.交换机　　　　　　B.路由器　　　　　C.集线器　　　　　D.中继器

2.下列哪组设备工作在数据链路层？（　　　）

A.网桥和交换机　　　B.网桥和集线器　　C.网关和路由器　　D.网卡和路由器

3.在中继系统中，中继器在（　　　）。

A.物理层　　　　　　B.网络层　　　　　C.数据链路层　　　D.高层

4.下面哪种网络设备工作在网络层？（　　　）

A. 中继器　　　　　　B. 交换机　　　　　　C. 路由器　　　　　　D. 集线器

5. 下面（　　　）是路由器的主要功能。

A. 重新产生衰减了的信号

B. 选择转发到目标地址所用的最佳路径

C. 把各组网络设备归并进一个单独的广播域

D. 应向所有网段广播信号

6. 以太网交换机的每一个端口可以看作一个（　　　）。

A. 广播域　　　　　　B. 冲突域　　　　　　C. 管理域　　　　　　D. 阻塞域

7. 下列哪一个设备仅有信号再生功能？（　　　）

A. 网卡　　　　　　　B. 网桥　　　　　　　C. 中继器　　　　　　D. 路由器

8. 下列关于路由器的说法正确的是：（　　　）。

A. 路由器处理的信息量比交换机少，因而转发速度快

B. 对于同一个目标结点，路由器只提供延迟最小的最佳路径

C. 通常路由器可以支持多种网络协议，并提供不同协议间的分组转换

D. 路由器不但能够根据逻辑地址进行转发，而且可以根据物理地址进行转发

9. 下列关于路由器的说法错误的是：（　　　）。

A. 路由器可以隔离子网，抑制广播风暴

B. 路由器可以实现网络地址转换

C. 路由器可以提供可靠性不同的多条路由选择

D. 路由器只能实现点对点的传输

10. 在路由器的路由过程中，路由器根据（　　　）确定下一跳的转发路径。

A. 目标IP　　　　　　B. MAC地址　　　　　C. 源IP　　　　　　　D. ARP

11. 如果在MAC地址表中找不到帧的目标MAC地址对应的端口，交换机将（　　　）该帧。

A.丢弃　　　　　　　B. 退回　　　　　　　C. 泛洪　　　　　　　D. 转发给网关

12. 下列哪一项不是数据链路层的主要功能？（　　　）

A. 提供对物理层的控制　　　　　　　B. 流量控制

C. 差错控制　　　　　　　　　　　　D. 选择最佳路由

13. 简述集线器与交换机的区别。

14. 列举常见的网络设备，并简述其主要功能。

15. 简述交换机的工作过程。

16. 简述路由器的工作过程。

17. 简述交换机堆叠与级联的区别。

项目知识结构

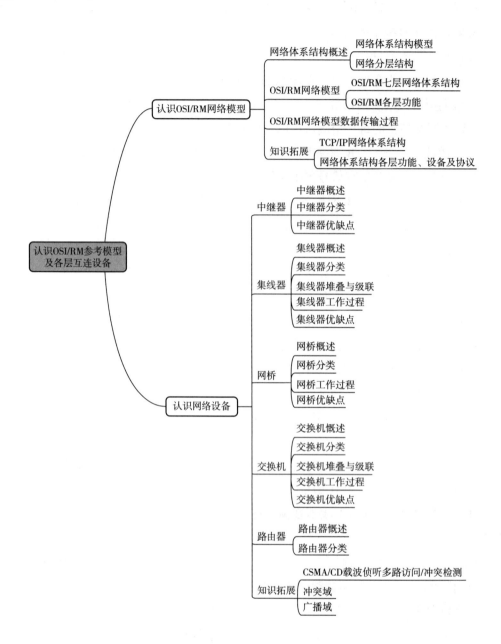

项目2 IP地址规划与子网划分

在互联网中，为了保证网络用户高效便捷地从千千万万台主机中选出自己所连接的通信对象，就需要为网络中的每台计算机或网络设备接口规定一个唯一的地址即IP地址（Internet Protocol Address），通过IP地址，主机间才能进行相互通信。IP协议规定网络上所有的设备都必须有一个独一无二的IP地址，并且可将这些IP地址分成地址块分配给不同国家、不同地区和不同企业，就像信封上的邮政编码一样。在局域网建设中，IP地址规划是网络设计中的重要环节，IP地址规划的好坏会直接影响路由协议算法的效率、网络性能及可扩展性。本项目中，我们将学习IP地址规划与子网划分。

🖑 项目分析

认识IP地址表示及IP分类，掌握子网划分是进行网络规划的重要前提。一个优秀的网络管理员或网络工程师，首先要学习IP地址表示、IP地址分类、子网掩码、VLSM等理论知识，熟练掌握IP地址计算、主机地址计算、拆分和合并等能力，能够根据工程实际和网络拓扑熟练进行IP地址规划。通过本项目各任务的实施，培养学生科学计算能力、团队合作精神，启发学生的科学创新意识。

🖑 知识目标

- 认识IP地址表示格式，掌握IP地址二进制与点分十进制转化。
- 理解子网掩码的意义，能够应用子网掩码进行子网划分。
- 理解等长子网和变长子网，掌握等长子网和变长子网的拆分与合并。

🖑 能力目标

- 学会IP的二进制表示和点分十进制表示。

- 能够根据IP地址和子网掩码计算网络地址和主机地址。
- 能够应用等长子网掩码和变长子网掩码进行子网划分。
- 能够根据网络拓扑进行IP地址规划。

素养目标

- 启发学生的科学创新意识。
- 提高学生科学计算能力。
- 培养学生团队合作精神。
- 提高学生学以致用、举一反三的能力。

任务1　认识 IP 地址

一、任务描述

掌握IP地址的表示方法，尤其是掌握点分十进制与二进制的相互转换；理解私网IP地址范围，掌握私网IP地址的应用。

二、任务分析

对于IP地址表示方法及私网IP地址的理解是学习网络搭建的基础，掌握IP地址点分十进制和二进制的相互转换对于子网划分及子网汇总具有重要意义。在局域网中，常用私网IP地址进行IP地址分配，需要熟悉私网IP地址范围。

三、相关知识

（一）IP地址表示方法

IP地址是指互联网协议地址，又称网际协议地址。IP地址是IP协议提供的一种统一的地址格式，它为互联网上的每一个网络和每一台主机分配一个逻辑地址，以此来屏蔽物理地址。IP协议中要求给每台计算机和网络通信设备分配一个唯一的地址，由于地址唯一，从而保证计算机用户能够准确定位网络对象。

IP地址是一个32位的二进制数，通常被分割为4个8位二进制数（也就是4个字节），常用点分十进制表示成a.b.c.d的形式，其中，a，b，c，d是0～255之间的十进制整数。

如IP地址：192.168.75.16

IP地址有三种表示法：点分十进制表示法、二进制表示法、十六进制表示法。如图2-1所示。

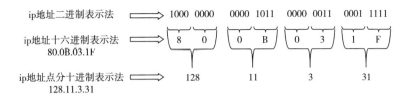

图2-1 IP地址三种表示法

（二）IP地址的分类

IP地址可分为A类、B类、C类、D类、E类五类。如图2-2所示。

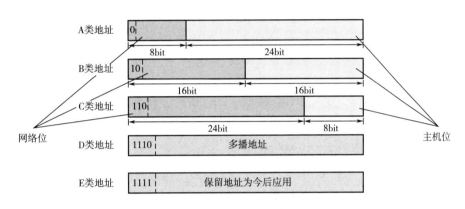

图2-2 IP地址分类

1. A类地址

A类地址第一个字节第一位是0，第一个字节取值范围为0～127，8位网络位，24位主机位。

网络位8位，减去第一位的0，可用网络位7位，二进制网络位范围为00000000～01111111，即网络位范围0～127，由于0和127是保留地址，则A类网络共有126个可用网络地址。

A类网络主机位24位，则每个A类地址有2^{24}=16777216个主机地址可分配给网络节点。由于全0和全1的节点地址被保留，因此每个A类网络实际可用节点地址为2^{24}-2=16777214。

A类地址默认子网掩码为255.0.0.0。

A类地址范围应是：0.0.0.0～127.255.255.255，除去保留地址及主机全0和全1，可用地址范围：1.0.0.1～126.255.255.254。

2. B类地址

B类地址第一个字节的前两位是10，第一个字节取值范围为128～191，16位网络位，16位主机位。

网络位16位，减去前两位的10，可用网络位14位，二进制网络位范围为10000000 00000000 ~ 10111111 11111111，即B类网络有个 2^{14}=16384个网络地址。

B类网络主机位16位，则每个B类地址有 2^{16}=65536个主机地址可分配给网络节点。由于全0和全1的节点地址被保留，因此每个B类网络实际可用节点地址为 2^{16}–2=65534

B类地址默认子网掩码为255.255.0.0

B类地址范围应是：128.0.0.0 ~ 191.255.255.255，除去保留地址及主机全0和全1，可用地址范围：128.0.0.1 ~ 191.255.255.254。

3. C类地址

C类地址第一个字节的前三位是110，第一个字节取值范围为192 ~ 223，24位网络位，8位主机位。

网络位24位，减去前三位的110，可用网络位21位，则C类网络有个 2^{21}=2097152个网络地址。

C类网络主机位8位，则每个C类地址有 2^8=256个主机地址可分配给网络节点。由于全0和全1的节点地址被保留，因此每个C类网络实际可用节点地址为 2^8–2=254

C类地址默认子网掩码为255.255.255.0

C类地址范围应是：192.0.0.0 ~ 223.255.255.255，除去保留地址及主机全0和全1，可用地址范围：192.0.0.1 ~ 223.255.255.254。

4. D类地址

D类地址第一个字节的前四位是1110，第一个字节取值范围为224 ~ 239，它是一个专门保留的地址，并不指向特定的网络。目前这一类地址被用在多播（multicast）中。

5. E类地址

E类地址第一个字节的前四位是1111，第一个字节取值范围为240 ~ 247，保留将来使用，常用于科学研究。

（三）私网IP地址

在互联网中，IP地址分为公网IP地址和私网IP地址，私网IP地址在互联网上不使用，而专用于局域网，公网IP是在互联网使用的IP地址。私网IP地址范围如表2-1所示。

表2-1 私网IP地址范围

地址类	起始地址	结束地址	网段
A类	10.0.0.0	10.255.255.255	10.0.0.0/8
B类	172.16.0.0	172.31.255.255	172.16.0.0/16
C类	192.168.0.0	192.168.255.255	192.168.0.0/24

四、任务实施

（一）指出以下IP地址的网络位和主机位

126.10.15.126

168.11.25.14

202.102.100.254

解：由于IP地址126.10.16.126第一个字节的取值范围在0～127之间，判断该地址属于A类地址，A类地址网络位长度8位，主机位长度24位，因此该IP地址网络位应是126，主机位是10.15.126。

同理，168.11.25.13属于B类地址，该地址网络位是168.11，主机位是25.13；202.102.100.254属于C类地址，该地址网络位是202.102.100，主机位是254。

（二）指出C类地址范围，分别用二进制、和十六进制点分十进制表示

解：C类地址的第一字节前3位是110，网络位24，主机位8，则C类地址范围二进制表示如图2-3所示：

起始地址	结束地址
11000000 00000000 00000000 00000000	1101 1111 11111111 11111111 11111111

图2-3　C类地址范围二进制表示

把相应二进制表示转换为十六进制表示如图2-4所示：

起始地址	结束地址
1100 0000 0000 0000 0000 0000 0000 0000	1101 1111 1111 1111 1111 1111 1111 1111
↓ ↓ ↓ ↓ ↓ ↓ ↓ ↓	↓ ↓ ↓ ↓ ↓ ↓ ↓ ↓
C 0 0 0 0 0 0 0	D F F F F F F F

图2-4　C类地址范围十六进制表示

把相应二进制表示转换为点分十进制表示如图2-5所示：

起始地址	结束地址
11000000 00000000 00000000 00000000	11011111 11111111 11111111 11111111
↓ ↓ ↓ ↓	↓ ↓ ↓ ↓
192 0 0 0	223 255 255 255

图2-5　C类地址点分十进制表示

（三）把IP地址172.31.162.38转换为二进制表示

解：为了确定IP地址网络位和主机位，便于子网划分，需要将点分十进制表示的IP地址转换为二进制表示，常用方法是根据8421代码规律，应用凑数法进行转换，即一串8位二进制数，由高位至低位对应的权值分别为128、64、32、16、8、4、2、1，二进制1所对应的权值累加后的值即为对应的十进制数。点分十进制表示转换为二进制表示，应用同样规律。转换如表2-2所示。

表2-2　点分十进制转换二进制表

二进制位	位8	位7	位6	位5	位4	位3	位2	位1
对应权值	128	64	32	16	8	4	2	1
172=128+32+8+4	1	0	1	0	1	1	0	0
31=16+8+4+2+1	0	0	0	1	1	1	1	1
162=128+32+2	1	0	1	0	0	0	1	0
38=32+4+2	0	0	1	0	0	1	1	0
转换后的二进制地址	10101100		00011111		10100010		00100110	
对应十进制数	172		31		162		38	

五、知识拓展

（一）8421代码

8421码又称为BCD码，在这种编码方式中，有4位二进制数，每一位二进制代码的"1"都代表一个固定的十进制数。将每位"1"所代表的十进制数累加起来就可以得到它所代表的十进制数。因为代码中从左至右每一位"1"分别代表数值8、4、2、1，故称8421码。其中每一位"1"代表的十进制数称为这一位的权。8421代码与十六进制、十进制转换如表2-3所示。

表2-3　8421码、十六进制、十进制对应转换表

8421代码（BCD代码）	十六进制数	十进制数
0000	0	0
0001	1	1
0010	2	2
0011	3	3
0100	4	4
0101	5	5

8421代码（BCD代码）	十六进制数	十进制数
0110	6	6
0111	7	7
1000	8	8
1001	9	9
1010	A	10
1011	B	11
1100	C	12
1101	D	13
1110	E	14
1111	F	15

（二）IP地址与MAC地址的区别

（1）名称不同。IP地址又称为互联网协议地址，是互联网上每一个网络和每一台主机的唯一逻辑地址；MAC地址（Media Access Control Address，媒体访问控制地址）也称为局域网地址、以太网地址或者物理地址。

（2）分配依据不同。MAC地址是由网络设备制造商生产时烧录在网卡的EPROM（一种闪存芯片，通常可以通过程序擦写）上专用于标识网卡的一个地址，分配是基于制造商的。而IP地址是IP协议提供的一种统一的地址格式，是一个逻辑地址，用以屏蔽物理地址的差异，分配是基于网络拓扑的。

（3）更改方式不同。IP地址可以更改，而MAC地址是根据生产厂商烧录好的，一般不能改动，当一台PC机更换网卡后，MAC地址就会改变。

（4）长度不同。IP地址分为IPv4和IPv6，IPv4的长度为32位，如：172.16.0.211，IPv6的长度为128位，如：AD80:0000:0000:0000:ABAA:0000:00C2:0002，而MAC地址为48位，如：00:50:29:5A:8H:1E。

（5）工作的协议层不同。IP地址工作在网络层，MAC地址工作在数据链路层。

（三）IP地址分配机构

互联网编号分配机构（Internet Assigned Numbers Authority，IANA）负责分配和规划IP地址，以及对TCP/UDP公共服务的端口进行定义。

互联网名称与数字地址分配结构（ICANN）执行IANA职能，先将IP地址分配给区域互联网注册机构（RIR），RIR再将IP地址分配给其服务区域中的组织。

全球共有五大区域互联网注册机构，分别是美洲区ARIN、亚太区APNIC、欧洲区

RIPE NCC、拉美区LACNIC和非洲区AFRINIC。

（1）ARIN（American Registry for Internet Numbers），负责北美洲、中美洲、加勒比地区。

（2）APNIC（Asia Pacific Network Information Center），负责亚洲、太平洋地区、澳大利亚和新西兰。

（3）RIPE NCC（Reseaux IP Europeens Network Coordination Centre），负责欧洲、中东和中亚地区。

（4）LACNIC（Latin America and Caribbean Network Information Centre），负责拉丁美洲和加勒比地区。

（5）AFRINIC（African Network Information Centre）负责非洲地区。

我国申请IP地址要通过APNIC，APNIC总部设在日本东京大学。申请时要考虑申请哪一类IP地址，然后向国内代理机构提出。

习题强化

1. 指出A类、B类、C类地址范围，分别用二进制和十进制表示。

2. 分别指出A类、B类、C类私网地址。

3. 把IP地址192.168.12.204转换为二进制表示，并写出转换过程。

4. 写出B类地址172.26.0.126的广播地址。

5. 哪类网络最多只能包含254台主机？（　　　）

A. A类 　　　　　B. B类 　　　　　C. C类 　　　　　D. D类

E. E类

6. 下面哪个是组播地址？（　　　）

A. 10.2.0.4 　　　　B. 172.168.5.4 　　　　C. 192.168.1.2 　　　　D. 224.0.0.8

7. 下面哪两个是私网IP地址？（　　　）

A. 11.0.0.5 　　　B. 173.1.25.4 　　　C. 172.21.10.36 　　　D. 172.35.25.5

E. 192.168.0.254

8. 下面哪项是D类网络地址的二进制表示？（　　　）

A. 0xxxxxxx 　　　B. 10xxxxxx 　　　C. 11xxxxxx 　　　D.110xxxxx

E. 1110xxxx

任务 2　详解子网掩码

一、任务描述

某公司最多需要 100 个 IP 地址，且所有 IP 地址均为公网 IP，假设你是该公司一名网管人员，本着节约 IP 地址的原则，你应该向 ISP 申请哪个类别的网络，子网掩码是多少？

二、任务分析

向 ISP 申请网段前，首先应熟悉不同网络类型的地址范围与地址容量，掌握子网掩码的表示，能够根据子网掩码计算 IP 地址容纳数量，能够划分网络位和主机位。同时，掌握子网掩码也是后续学习子网划分的重要前提。

三、相关知识

（一）子网掩码的概念及作用

子网掩码又叫网络掩码、地址掩码、子网络遮罩，是用来划分 IP 地址的网络地址和主机地址。子网掩码不能单独存在，它必须结合 IP 地址一起使用。

与 IP 地址相同，子网掩码的长度也是 32 位，左边是网络位，用二进制数字"1"表示，右边是主机位，用二进制数字"0"表示。子网掩码中值为"1"的二进制位对应的 IP 地址部分即为网络地址，子网掩码中值为"0"的二进制位对应的 IP 地址部分即为主机地址。

缺省（默认）状态下，如果没有进行子网划分，A、B、C 类地址的子网掩码分别为：

A 类网络的子网掩码为 255.0.0.0

B 类网络的子网掩码为 255.255.0.0

C 类网络的子网掩码为 255.255.255.0

有了子网掩码后，IP 地址的标识方法如下：

192.168.1.1　255.255.255.0 或者标识成 192.168.1.1/24（24 表示掩码中"1"的个数）

（二）计算子网掩码容量实例

子网掩码 255.255.224.0 最多容纳多少个主机？

计算步骤如下：

第一步：把子网掩码转换为二进制。

225.255.224.0 ⟶ 11111111.1111111.11100000.00000000

第二步：统计子网掩码二进制数"0"的个数。实例中共有 13 个"0"，则最大主机地址就是 $2^{13}=8192$，由于主机地址全 0 表示该网段，全 1 表示广播地址，因此可用主机地址是 $2^{13}-2=8190$。所以该子网掩码最多可以容纳 8190 个主机。

（三）计算子网掩码长度实例

某公司共有50台电脑，组成一个对等局域网，子网掩码设多少最合适？

计算步骤如下：

第一步：设主机位数为n。n即为二进制子网掩码中"0"的个数。

第二步：计算满足式子$2^n - 2 \geq 50$的n的最小整数。经计算知$n=6$

第三步：计算子网掩码左边"1"的个数，其个数为32-6=26

得出子网掩码的二进制形式：11111111.1111111.11111111.11000000

然后转换成点分十进形式：255.255.255.192

所以最合适的子网掩码长度为26，子网掩码为：255.255.255.192

（四）计算网络地址和主机地址实例

计算IP地址192.168.0.119/27的网络地址和主机地址。

计算步骤如下：

第一步：分别写出IP地址和子网掩码的二进制表示。

第二步：IP地址二进制与子网掩码二进制进行"与"运算，结果为网络地址。

第三步：IP地址二进制与子网掩码二进制反码进行"与"运算，结果为主机地址

计算过程如图2-6所示：

计算网络地址	
192.168.0.119	11000000101010000000000001110111
子网掩码255.255.255.224	11111111111111111111111111100000
"与"运算，得二进制网络地址	11000000101010000000000001100000
二进制网络地址转十进制网络地址	192.168.0.96
计算主机地址	
192.168.0.119	11000000101010000000000001110111
子网掩码反码0.0.0.31	00000000000000000000000000011111
"与"运算，得二进制主机地址	00000000000000000000000000010111
二进制主机地址转十进制主机地址	0.0.0.23

图2-6　计算网络地址和主机地址

四、任务实施

（1）由任务描述知该公司需要最大IP地址数为100，根据A类、B类、C类网络地址容量可知：该公司应该申请一个C类网络地址段。

（2）假设主机地址长度为n，则n应满足$2^n - 2 \geq 100$，n取最小整数。经计算，$n=7$。

（3）子网掩码长度共32位，主机地址长度7位，则网络地址长度应是32-7=25。

（4）由此判断，该公司应申请C类网络地址段。

二进制子网掩码：1111 1111.1111 1111.1111 1111.1000 0000

十进制子网掩码：255.255.255.128

五、知识拓展

在计算机网络的应用中，判断两个IP地址是否同属一个网段是一项基础且重要的技能。具体方法如下：

把IP地址和子网掩码的每位二进制数进行"与"运算，得到每个IP的网络地址，若两个IP地址的网络地址相同，则属于同一网段。现以判断 202.194.128.9 与 202.194.128.14 是否在同一网段为例。（默认子网掩码：255.255.255.0）

第一步：把IP地址及子网掩码转换为二进制表示。

IP1：202.194.128.9   1100 1010.1100 0010.1000 0000.0000 1001

IP2：202.194.128.14   1100 1010.1100 0010.1000 0000.0000 1101

子网掩码：255.255.255.0   1111 1111.1111 1111.1111 1111.0000 0000

第二步：把IP与子网掩码进行"与"运算。

IP1"与"子网掩码=1100 1010.1100 0010.1000 0000.0000 0000

IP2"与"子网掩码=1100 1010.1100 0010.1000 0000.0000 0000

第三步：把得到的结果转换成十进制。

IP1的网络地址：202.194.128.0

IP2的网络地址：202.194.128.0

两个IP地址的网络地址相同，说明两个IP地址属于同一网段。

习题强化

1. 分别写出A类、B类、C类网络的子网掩码、网络地址范围和主机地址范围。

2. 如果一主机IP地址是 192.168.1.2，子网掩码是 255.255.255.0，则该主机网络地址是（　　）。

A. 192.168.1.0　　　B. 192.31.4.0　　　　C. 192.168.31.16.0　　　D. 192.168.17.0

3. IP地址 190.233.27.13/20 所在的网段是（　　）。

A. 190.0.0.0　　　B. 190.233.16.0　　　C. 190.233.27.0　　　D. 190.233.27.1

4. 下列哪项是IP地址 192.168.168.188　255.255.255.192 所属子网的有效主机地址范围（　　）。

A. 192.168.168.129~192.168.168.190

B. 192.168.168.129~192.168.168.191

C. 192.168.168.128~192.168.168.190

D. 192.168.168.128–192.168.168.192

5. 给定IP地址172.16.28.252和子网掩码255.255.240.0，对应的网络地址是（　　　）。

A. 172.16.16.0　　　　B. 172.16.0.0　　　　C. 172.16.24.0　　　　D. 172.16.28.0

6. 给你一个B类IP网络172.16.0.0，子网掩码是255.255.255.192，则可以利用的网络数多少？每个网段最大主机数是多少？（　　　）。

A. 512　126　　　　B. 1022　62　　　　C. 1024　62　　　　D. 256　254

7. IP地址190.233.27.13/20所在的网段是（　　　）。

A. 190.0.0.0　　　　B. 190.233.16.0　　　　C. 190.233.27.0　　　　D. 190.233.27.1

8. 网段地址154.27.0.0的网络，如果不划分子网，则能支持的主机数量是（　　　）。

A. 254　　　　B. 1024　　　　C. 65536　　　　D. 65534

9. 与IP地址为 10.110.12.29，子网掩码为 255.255.255.224 属于同一网段的主机IP是（　　　）。

A. 10.110.12.31　　　B. 10.110.12.32　　　C. 10.110.12.0　　　　D. 10.110.12.30

任务3　划分等长子网

一、任务描述

某公司设有销售部、财务部、生产部、技术部，销售部主机 10 台，财务部主机 6 台，生产部主机 50 台，技术部主机 18 台。公司已申请C类网段 192.168.100.0/24，请你应用等长子网划分方法为该公司规划网络。

二、任务分析

等长子网划分要根据最大主机数量和子网数进行网络规划，为完成本项任务，需要熟悉子网掩码，理解网络位向主机位借位的意义，掌握子网划分步骤，确定子网掩码及各子网有效IP地址范围。

三、相关知识

（一）子网划分概述

为了提高IP地址的使用效率，一个网络可以划分为多个子网，通过划分子网，能够节约IP资源，减少网络流量，提高网络性能和网络安全。

子网划分通常采用借位的方式，从主机最高位开始借位变为新的子网位，剩余部分仍为主机位。通过子网划分后，IP地址的结构就分为三部分：网络位、子网位和主机位（如图2-7所示）。

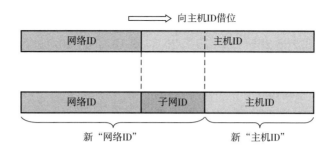

图2-7 子网划分原理示意图

子网划分包括等长子网划分和变长子网划分。

等长子网划分中，各个子网网络规模一样大，每个子网能够容纳的计算机数一样，各子网的子网掩码相同。

变长子网划分是在等长子网划分基础上进一步划分，各个子网的网络规模不同，每个子网的子网掩码不完全相同。

（二）子网划分方法

1. 确定子网数

假设借用的子网位数为x，则应创建的子网数为2^x。

2. 确定每个子网包含的主机个数

设y为新主机位数，则每个子网包含的主机个数为2^y，主机位全0表示网段，全1表示子网广播地址，这两个地址不可用。因此，每个子网包含的可用主机个数应为2^y-2。

3. 确定合法的子网

假设确定的子网数为m，确定的子网主机数为n，则从0网段开始，每隔n个主机数则为下一网段，直到到达子网掩码的值。例如，对于子网掩码255.255.255.192，子网数为$2^2=4$，每个子网的主机数为$2^6=64$，则从0开始不断增加64，直到到达子网掩码的值，其中间的结果就是子网，即0、64、128和192。

4. 确定每个子网的广播地址

主机位全1即为子网的广播地址，广播地址总是下一个子网前面的数。例如，前面确定子网为0、64、128和192，子网0的广播地址为63，因为下一个子网为64；子网64的广播地址为127，因为下一个子网为128。以此类推，最后一个子网的广播地址总是255。

5. 确定每个子网包含的主机地址

合法的主机地址位于两个子网之间，全0和全1的地址除外。例如，如果子网号为64，而广播地址为127，则合法主机地址范围为65~126，即子网地址和广播地址之间的数字。

（三）等长子网划分实例

1. 已知子网掩码255.255.255.128（/25），对192.168.10.0进行子网划分

128的二进制表示为10000000，只有1位用于定义子网，余下7位用于定义主机。

网络地址：192.168.10.0

子网掩码：255.255.255.128

子网数：借位数为1，因此子网个数为2^1=2。

每个子网包含的主机数：主机位数为7，因此主机个数为2^7=128，可用主机个数为2^7-2=126。合法的子网：已知子网数2，主机数128，因此分2个子网为0和128。

每个子网的广播地址：每个子网的主机地址全1即子网的广播地址，故子网0的广播地址为127，子网128的广播地址为255。

每个子网包含的可用主机地址：可用的主机地址为子网地址和子网掩码之间的数字，0子网主机地址为192.168.10.1～192.168.10.126；128子网主机地址为192.168.10.129～192.168.10.254。

192.168.10.0/24划分2个子网，如表2-4所示。

表2-4   192.168.10.0/24划分为2个子网

子网	0	128
第一个可用IP地址	1	129
最后一个可用IP地址	126	254
广播地址	127	255

2. 已知子网掩码255.255.255.224（/27），对192.168.10.0进行子网划分

224的二进制表示为11100000，有3位用于定义子网，余下5位用于定义主机。

网络地址：192.168.10.0

子网掩码：255.255.255.224

子网数：子网位数为3，因此子网个数为2^3=8。

每个子网包含的主机数：主机位数为5，因此主机个数为2^5=32，可用主机个数为2^5-2=30。

合法的子网：已知子网数3，主机数32，因此分8个子网为0、32、64、96、128、160、192和224。

每个子网的广播地址：每个子网的主机地址全为1即子网的广播地址，故子网0的广播地址为31；子网32的广播地址为63，以此类推。

每个子网包含的可用主机地址：可用的主机地址为子网地址和子网掩码之间的数字。

192.168.10.0/27划分8个子网，如表2-5所示。图2-8所示为192.168.10.0/24划分8

个子网示意图。

表2-5　192.168.10.0/27划分为8个子网

子网	0	32	64	96	128	160	192	224
第一个可用IP地址	1	33	65	97	129	161	193	225
最后一个可用IP地址	30	62	94	126	158	190	222	254
广播地址	31	63	95	127	159	191	223	255

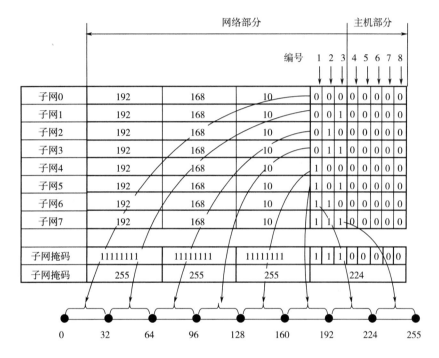

图2-8　192.168.10.0/24划分8个子网示意图

3. 已知子网掩码255.255.255.252（/30），对192.168.10.0进行子网划分

252的二进制表示为11111100，有6位用于定义子网，余下2位用于定义主机。

网络地址：192.168.10.0

子网掩码：255.255.255.252

192.168.10.0/30划分64个子网，如表2-6所示。

表2-6　192.168.10.0/30划分为64个子网

子网	0	4	8	12	...	240	244	248	252
第一个可用IP地址	1	5	9	13	...	241	245	249	253
最后一个可用IP地址	2	6	10	14	...	242	246	250	254
广播地址	3	7	11	15	...	243	247	251	255

四、任务实施

（1）根据任务描述知：共有 4 个部门，各部门中主机数量最多 50 台。由公式 $2^m \geqslant 4$ 及 $2^n \geqslant 50$ 计算，m、n 取值分别为 2 和 6，即子网位数为 2，新主机位数为 6。

（2）由于子网位数为 2，则子网掩码长度为 24+2=26，子网掩码为：255.255.255.192。

（3）等长子网划分如图 2-9 所示。

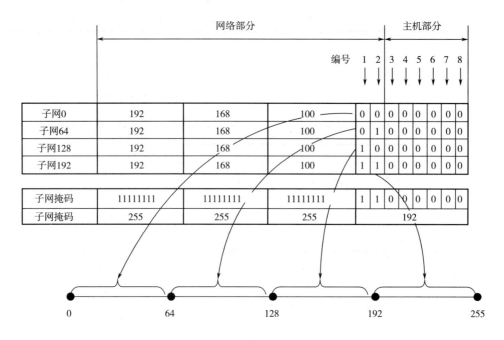

图2-9　192.168.100.0/24划分4个子网示意图

（4）网络规划如表 2-7 所示。

表2-7　网络规划

网段	分配部门	起始地址	结束地址	广播地址	子网掩码
192.168.100.0/26	销售部	192.168.100.1	192.168.100.62	192.168.100.63	255.255.255.192
192.168.100.64/26	财务部	192.168.100.65	192.168.100.126	192.168.100.127	255.255.255.192
192.168.100.128/26	生产部	192.168.100.129	192.168.100.190	192.168.100.191	255.255.255.192
192.168.100.192/26	技术部	192.168.100.193	192.168.100.254	192.168.100.255	255.255.255.192

五、知识拓展

在子网划分中，全 0 子网和全 1 子网是两个特殊的子网，下面会详细介绍全 0 子网和全 1 子网的概念，以及它们在现代网络中的变化。

全 0 子网：子网位全为 0 的子网称为全 0 子网，是第一个子网。

全1子网：子网位全为1的子网称为全1子网，是最后一个子网。

由于全0子网的网络地址和全1子网的广播地址分别与没有划分子网前的网络地址和广播地址相同，导致IP地址二义性。在RFC1009、RFC950中规定不能使用全0或全1的子网号，以免发生上面的IP地址二义性问题，但在RFC1878废除这一规定。

例如：对192.168.1.0/24这个网络进行子网划分，如果借用3位主机位做网络位，那子网掩码就是11111111.11111111.11111111.11100000，可以划分2^3=8个子网。

第1个子网网络地址：11000000.10101000.00000001.00000000（192.168.1.0）（全0子网）

第2个子网网络地址：11000000.10101000.00000001.00100000（192.168.1.32）

第3个子网网络地址：11000000.10101000.00000001.01000000（192.168.1.64）

第4个子网网络地址：11000000.10101000.00000001.01100000（192.168.1.96）

第5个子网网络地址：11000000.10101000.00000001.10000000（192.168.1.128）

第6个子网网络地址：11000000.10101000.00000001.10100000（192.168.1.160）

第7个子网网络地址：11000000.10101000.00000001.11000000（192.168.1.192）

第8个子网网络地址：11000000.10101000.00000001.11100000（192.168.1.224）（全1子网）

由以上例子可以看出，第一个子网号都是0，是全0子网，而这个子网的网络地址192.168.1.0和主网络（192.168.1.0/24）的网络地址相同，会导致IP地址的二义性。

第8个子网号都是1，是全1子网，这个子网的广播地址是192.168.1.255和主网络（192.168.1.0/24）的广播地址192.168.1.255相同，会导致IP地址的二义性。

在使用子网0和全1子网的问题上，RFC 1878指出："此做法（排除全0和全1子网）已过时。现代软件将能够使用所有可定义的网络。"如今使用全0子网和全1子网已被广泛接收，大多数供应商都支持它们的应用。

习题强化

1. 请将185.166.128.0/17划分为8个等长子网，并分别给出每个子网的地址范围、可分配IP地址、广播地址、子网掩码。

2. 将IP地址块146.11.22.64/26划分为5个子网，写出划分后各个子网的最大IP地址和最小IP地址。

3. 假设给你一C类网段192.168.100.0/24，根据如图2-10所示网络拓扑，利用等长子网划分方法为该网络划分子网。

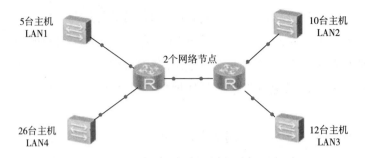

图2-10　子网划分网络拓扑

任务4　划分变长子网

一、任务描述

某单位有 5 个部门，需建立 5 个子网，其中部门A、B均有 60 台主机，部门C有 25 台主机，部门D、E均有 10 台主机，已有C类地址块 192.168.1.0/24。请你应用变长子网划分方法为该单位规划网络。

二、任务分析

该单位需要划分 5 个子网，如果采用等长子网划分方法，需要借用 3 个主机位（2^3=8>5）才能满足子网数量要求，此时每个子网中主机位只有 5 位，最多容纳主机个数为 2^5-2=30 个，而部门A、B需要 60 台主机，显然不能满足子网划分，应考虑采用变长子网划分。

三、相关知识

等长子网划分后，每个子网主机数是一定的，会造成IP地址浪费问题，而变长子网划分则是根据主机数不同进行子网划分，子网还可以再划分子网。变长子网划分是通过变长子网掩码VLSM（Variable Length Subnetwork Mask）实现的。通过变长子网划分，可以划分为不同长度的子网。如图2-11所示。

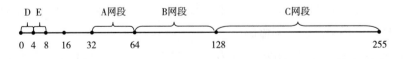

图2-11　变长子网划分示意图

变长子网划分步骤如下：

第一步：划分主机数最多的子网。划分后应有一子网空着，用于第二步；

第二步：划分主机数次多的子网，若还有子网划分则要留一个空子网；

第三步：重复上述两步骤，直到所有子网网络划分完毕。

划分实例：某单位分配到一个地址块 10.24.72.0/24。该单位需要 3 个子网，子网A需要 120 个地址，子网B需要 60 个地址，子网C需要 10 个地址。请你利用变长子网划分给出IP地址规划方案。

第一步：把地址块的主机位划分为两个子网，每个子网可以容纳 128 个IP地址，子网掩码长度加 1，子网掩码为 25，把第一个地址块分配给子网A，子网地址块为 10.24.72.0/25，如图 2-12 所示。

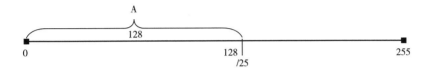

图 2-12　子网A划分示意图

第二步：对空着的子网继续划分两个子网，每个子网可以容纳 64 个IP地址，子网掩码长度再加 1，子网掩码为 26，把第一个地址块分配给子网B，子网地址块为 10.24.72.128/26，如图 2-13 所示。

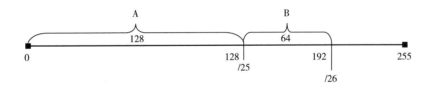

图 2-13　子网B划分示意图

第三步：对空着的子网继续划分两个子网，每个子网可以容纳 32 个IP地址，子网掩码长度再加 1，子网掩码为 27。由于划分后的地址块较大，继续对第一子网划分两个子网，每个子网可以容纳 16 个IP地址，子网掩码再加 1，子网掩码为 28，把第一个地址块分配给子网C，子网地址块为 10.24.72.192/28，如图 2-14 所示。

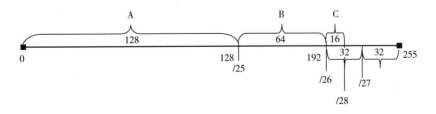

图 2-14　子网C划分示意图

四、任务实施

（1）根据题意，需要划分5个子网，其中2个子网60台主机，1个子网25台主机，2个子网10台主机，据此，应先向主机位借2位作为子网网络位，每个子网地址块大小为64。把第1和第2个子网分配给部门A和部门B，如图2-15所示。

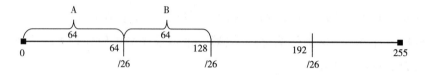

图2-15　部门A、B子网划分示意图

（2）把空着的第一个子网划分2个子网，子网掩码长度为27，地址块大小为32，把划分后的第一个子网分配给部门C，如图2-16所示。

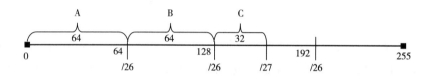

图2-16　部门C子网划分示意图

（3）把空着的地址块大小为32的子网继续划分为2个子网，子网掩码长度为28，地址块大小为16，把划分后的2个子网分别分配给部门D和部门E，如图2-17所示。

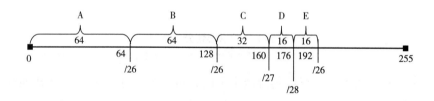

图2-17　部门D、E子网划分示意图

（4）该单位IP地址划分如下：

A部门：192.168.1.0/26

B部门：192.168.1.64/26

C部门：192.168.1.128/27

D部门：192.168.1.160/28

E部门：192.168.1.176/28

五、知识拓展

无类别域间路由选择（CIDR）

CIDR消除了传统的A类、B类和C类地址以及划分了网的概念，可以更加有效地分配IP地址空间。CIDR使用各种长度的"网络前缀"来代替分类地址中的网络号和子网号，而不是像分类地址中只能使用1字节、2字节、3字节长的网络号。

IP 地址 = 网络前缀 + 主机号

CIDR把网络前缀都相同的连续的IP地址组成"CIDR地址块"，一个CIDR地址块是由地址块的起始地址（即地址块中地址数值最小的一个）和地址块中的地址数来定义的。CIDR地址块也可用斜线记法表示。

由于一个CIDR地址块可以表示很多地址，所以在路由表中利用CIDR地址块来查找目的网络。这种地址的聚合通常称为路由聚合或路由汇总，它使得路由表中的一个项目可以表示原来传统分类地址的多个路由。路由聚合也称为构成超网。路由聚合有利于减少路由器之间的路由选择信息的交换，从而提高了网络性能。

路由汇总或路由聚合如图2-18所示。

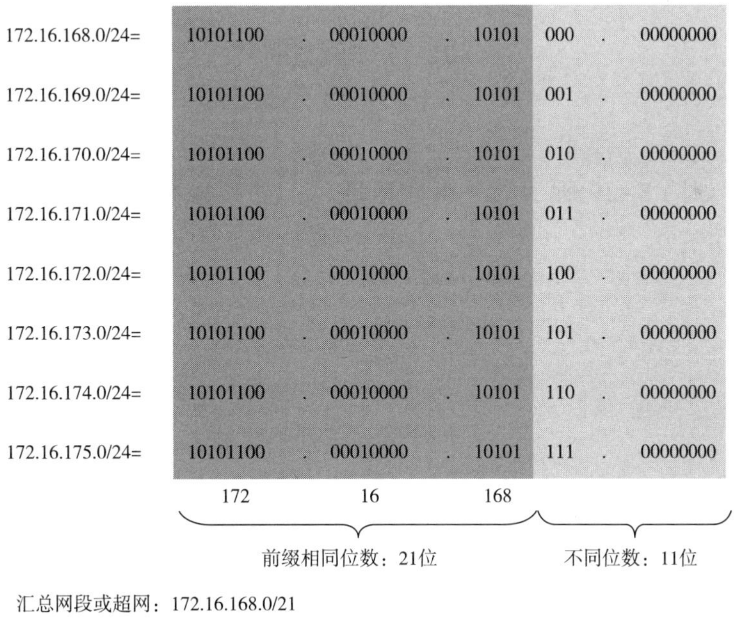

172.16.168.0/24=	10101100 .	00010000 .	10101	000 .	00000000
172.16.169.0/24=	10101100 .	00010000 .	10101	001 .	00000000
172.16.170.0/24=	10101100 .	00010000 .	10101	010 .	00000000
172.16.171.0/24=	10101100 .	00010000 .	10101	011 .	00000000
172.16.172.0/24=	10101100 .	00010000 .	10101	100 .	00000000
172.16.173.0/24=	10101100 .	00010000 .	10101	101 .	00000000
172.16.174.0/24=	10101100 .	00010000 .	10101	110 .	00000000
172.16.175.0/24=	10101100 .	00010000 .	10101	111 .	00000000
	172	16	168		

前缀相同位数：21位　　　　不同位数：11位

汇总网段或超网：172.16.168.0/21

图2-18　路由汇总或路由聚合示意图

👆 习题强化

1. 某ISP拥有一个网络地址块201.123.16.0/21，现在该ISP要为4个组织分配IP地址，其需要的地址数量分别为985、486、246及211，请给出一个合理的分配方案，并说明各组织所分配子网的子网地址、广播地址、子网掩码、IP地址总数、可分配IP地址数和可分配IP地址范围。

2. 某公司分配到的IP地址块为172.20.0.0/22，该公司下设公司总部、销售部、人力资源部、法务部4个部门，其中，公司总部500台主机，销售部200台主机，人力资源部50台主机，法务部20台主机，本着节约IP地址的原则，请给出每个部门子网网络地址、子网掩码及最小和最大IP地址。

3. 现有如图2-19所示的网络拓扑，为合理分配IP地址，哪个子网应使用子网掩码/29。（　　　）

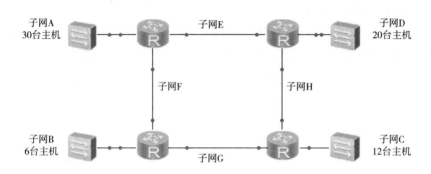

图2-19　网络拓扑

A. A　　　　　　　B. B　　　　　　　C. C　　　　　　　D. D

4. 现有如图2-20所示的一组IP地址，下列哪一个汇总地址能够覆盖所有网络？（　　　）

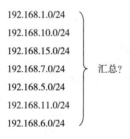

图2-20　IP地址组

A. 192.168.0.0/24　　B. 192.168.1.0/24　　C. 192.168.0.0/21　　D. 192.168.0.0/20

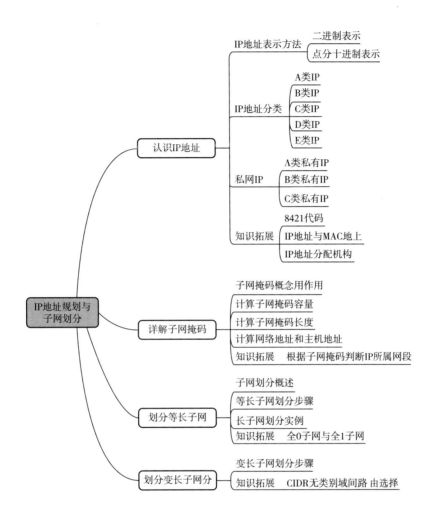 项目知识结构

项目3   交换机配置

交换机是局域网中的重要设备，常用于网络扩展，能为网络提供更多连接端口，以便连接更多计算机。由于交换机具有性价比高、灵活性强、易于实现、便于管理等特点，交换机已经成为局域网组网中不可或缺的网络设备。在本项目中，我们将学习交换机的配置。

👆 项目分析

在网络规划与设计中，交换机是局域网组网中的一个重要设备。一般来说，交换机用于连接内网，而路由器用于连接外网。根据管理类型，交换机分为可管理交换机和不可管理交换机，可管理交换机支持VLAN划分、路由功能、流量控制、SNMP、Web、Telnet、SSH等功能，具有组网灵活、安全性好等优点。在局域网组网中，对交换机VLAN划分、VLAN间通信、链路聚合、生成树及网关冗余配置，是网管人员或网络工程师必备的一项重要技能。在学习交换机工作原理及配置交换机的过程中，引导学生把抽象的原理与生产实际结合起来，通过将理论知识与实物进行有效转化，激活学生的抽象思维与逻辑思维能力。

👆 知识目标

- 理解VLAN通信原理，掌握VLAN划分与接口属性配置。
- 掌握交换机Web管理与远程登录。
- 了解STP、链路聚合及VRRP原理，熟悉其配置步骤。

👆 能力目标

- 能够对交换机进行Web管理与远程登录管理。

- 学会VLAN划分与接口属性配置。
- 能够熟练进行STP、链路聚合及VRRP配置。
- 能够分析、查找配置错误。

素养目标

- 培养学生安全防范意识。
- 提高学生动手操作能力。
- 培养学生团队合作精神。
- 提高学生理论联系实际的能力。
- 提高学生逻辑思维与抽象思维能力。

任务1　华为交换机管理配置

一、任务描述

请你应用ENSP（Enterprise Network Simulation Platform）模拟器搭建如图3-1所示网络拓扑。

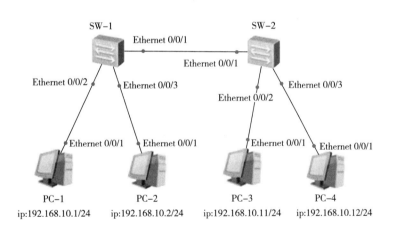

图3-1　ENSP模拟器搭建网络拓扑实例图

二、任务分析

ENSP是一款由华为提供的、可扩展的、图形化操作的网络仿真工具平台，主要对企业网络路由器、交换机进行软件仿真。利用ENSP模拟搭建网络拓扑，需要掌握命令视图模式及其转换、设备接口类型、PC配置、线路连接、VLAN管理IP配置及设备重命名等基本知识与操作。

三、相关知识

（一）认识华为交换机型号

在交换机领域，华为积累了大量业界领先的知识产权和专利，可提供从接入到核心十多个系列上百款交换机产品。根据交换机用途的不同，可大致分为数据中心交换机、园区交换机、个人和中小企业交换机三大类。

华为交换机有2、3、5、6、8系列，其中2系列是二层交换机，3、5、6、8系列是三层交换机。

华为交换机中，E600、S600、S1720和S2700所有款型都是二层交换机。S3700所有款型都是三层交换机。S5700和S6700中的LI/L系列为二层交换机，其余EI/E、SI/S、HI/H系列均为三层交换机。S9300、S7700、S9700、S12700、S12700E所有款型都是三层交换机。华为交换机接口如图3-2所示。

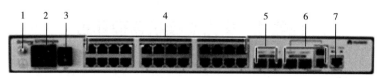

1. 接地镙钉
2. 交流电源插座
3. 直接电源接线端子
4. 24个10/100BASE-TX以太网电接口
5. 2个1000BASE-X以太网光接口
6. 2个千兆Combo口
7. 1个Console口

图3-2　S3700-28TP-SI-AC交换机接口

（二）华为交换机接口编号

华为交换机物理接口的编号规则具体如下：

（1）非堆叠情况下，交换机采用"槽位号/子卡号/接口序号"的编号规则定义物理接口。

槽位号：表示当前交换机的槽位。

子卡号：表示交换机支持的子卡号。

接口序号：表示交换机上各接口的编排顺序号。

（2）堆叠情况下，交换机采用"堆叠号/子卡号/接口序号"的编号规则来定义物理接口。

堆叠号：表示堆叠ID，取值为0～8。

子卡号：表示交换机支持的子卡号。

接口序号：表示交换机上各接口的编排顺序号。

如图3-3所示，交换机有两排业务接口，左下接口从1起始编号，依据从下到上，再从左到右的规则依次递增编号。

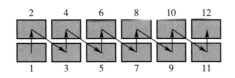

图3-3 交换机接口编排示意图

不同速率的接口独立编号，如第一个百兆接口编号Ethernet 0/0/1，第一个千兆接口编号为GigabitEthernet 0/0/1，第一个万兆接口编号为XGigabitEthernet 0/0/1，之后相同速率的接口依次递增编号。

例如，接口编号GigabitEthernet 2/0/4，表示千兆接口，接口板插在设备的Slot3 槽位，第1个子卡，第4个接口。

（三）ENSP模拟PC配置

在ENSP模拟器中，可以模拟PC并配置设备名称、IP地址、子网掩码、网关、DNS等信息，如图3-4所示。

图3-4 模拟PC参数配置

（四）华为交换机三种命令视图模式

华为交换机有用户视图、系统视图、接口视图三种命令视图模式。

用户视图：

<Huawei>

系统视图：

<Huawei>system-view/sys

[Huawei]

接口视图：

<Huawei>system-view/sys

[Huawei]interface/ Ethernet0/0/1

[Huawei- Ethernet0/0/1]

在用户视图模式下只能查看运行状态和统计信息，在此模式下输入system-view或sys进入系统视图模式。在系统视图模式下才能查看并修改华为交换机或路由器的配置，在此视图模式下输入quit，退出系统视图，返回用户视图。

在接口视图模式下可以配置接口IP、双工模式、接口速率等接口参数。在VLAN接口视图下可以配置VLAN管理地址等。在接口视图模式下输入quit，返回至系统视图。在任何视图模式下，输入return或ctrl+z则返回到用户视图。

接口IP配置：

<Huawei>system-view/sys

[Huawei]interface Ethernet0/0/1

[Huawei- Ethernet0/0/1]ip address 192.168.100.10 255.255.255.0   //只能在三层接口配置IP地址，二层接口不能配置IP。

VLAN管理接口IP配置：

<Huawei>system-view/sys

[Huawei]systemname s3700   //修改设备名称

[s3700]interface VLAN 1   //进入VLAN管理接口

[s3700-VLANif1]ip address 192.168.1.10 255.255.255.0   //配置VLAN管理IP

[s3700-VLANif1]quit   //退出，返回至系统视图

[s3700]

（五）交换机管理方式

交换机的管理方式分为带内管理和带外管理。通过交换机Console口管理交换机属于带外管理，带外管理不占用交换机的网络接口，不占用带宽，但线缆特殊，配置距离短。带内管理主要分为Telnet、Web、SNMP管理，占用带宽。

Console口是配置口，属于设备控制台的接入接口。用于用户通过终端（或仿真终端）对设备进行初始配置和后续管理。此外还有AUX口和VTY口。

AUX口是辅助内接口。AUX接口可用于拨号连接，也可用于远程配置，还可通过收发器与MODEM进行连接。

VTY口是VTY线路虚拟终端（也就是远程配置接口）。用于虚拟终端（远程配置）连接。

Console接口最常用，应用于新购交换设备的初始化配置，Console口进行配置后，才能使用VTY口进行远程配置。

Telnet管理：利用远程登录方式管理交换机。

Web管理：利用Web浏览器管理交换机。

SNMP（简单网络管理协议）管理：通过SNMP协议管理交换机或路由器。

实验：PC通过Console口登录交换机模拟实验，网络拓扑如图3-5所示。

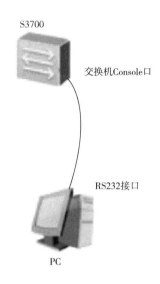

图3-5　PC通过Console口登录交换机

实施步骤：

（1）在ENSP模拟器创建图示拓扑；

（2）按图3-6所示配置PC串口参数；

（3）点连接，出现<Huawei>提示符，登录成功。

图3-6　PC串口参数设置

71

四、任务实施

（1）在ENSP模拟器拖拽2台S3700交换机，4台PC；

（2）按照拓扑图连接，选择copper／线连接设备接口；

（3）在工具栏点击▦按钮，分别标注PC和交换机名称；

（4）分别设置4台PC参数，如图3-7所示；

（5）双击PC1，选择"命令行"，在命令状态下输入：ping 192.168.10.11 测试PC-1 与PC-3是否连通，如图3-8所示。

图3-7　设置PC参数

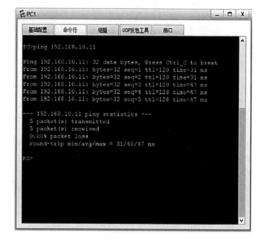

图3-8　PC1 ping PC3连通性测试

五、知识拓展

（一）全双工配置

以太网电接口支持配置双工模式，且GE电接口速率为1000Mbit/s时，只能为全双工模式。配置以太网电接口双工模式时，两端接口的双工模式要保持一致。

在自协商模式下，接口的双工模式是和对端接口协商得到的，在非自协商模式下，根据实际需求手动配置接口的双工模式。

自协商模式下，配置双工模式：

system-view　　　　//进入系统视图

interface *interface-type interface-number*　　　　//进入以太网接口视图

negotiation auto　　//配置以太网接口模式为自协商模式

auto duplex{full | half}　　　//配置以太网接口的双工模式

非自协商模式下，配置双工模式：

system-view　　　　//进入系统视图

interface *interface-type interface-number*　　//进入以太网接口视图

undo negotiation auto　　　　//配置以太网接口模式为非自协商模式

duplex{full | half}　　//配置以太网接口的双工模式

（二）配置接口速率

配置以太网接口速率可在自协商或者非自协商两种模式下进行，在自协商模式下，接口速率是由链路两端的接口协商决定的。在非自协商模式下，需手动配置接口速率，避免发生无法通信的情况。

自协商模式下，手动配置接口速率：

system-view　　　　//进入系统视图。

interface *interface-type interface-number*　　　　//进入以太网接口视图

auto speed { 10 | 100 | 1000 } //配置以太网接口的接口速率。

非自协商模式下，配置接口速率：

system-view　　　　//进入系统视图

interface *interface-type interface-number*　　　　//进入以太网接口视图

undo negotiation auto　　　　//配置以太网接口工作在非自协商模式

speed { 10 | 100 | 1000 }　　　　//配置以太网接口的接口速率

（三）ping命令

ping是Windows、Unix和Linux系统下常用的一个命令。ping也属于通信协议，是TCP/IP协议的一部分。通过使用ping命令，用户可以检查指定地址的设备是否可达，测试网络连接是否出现故障。

ping功能是基于ICMP协议来实现的：源端向目的端发送ICMP回显请求（ECHO-REQUEST）报文后，根据是否收到目的端的ICMP回显应答（ECHO-REPLY）报文来判断目的端是否可达，对于可达的目的端，再根据发送报文个数、接收到响应报文个数来判断链路的质量，根据ping报文的往返时间来判断源端与目的端之间的"距离"。

ping命令的应用格式：ping［命令参数］［IP地址或主机域名］

如：

ping 192.168.1.1

ping www.baidu.com

ping -t 192.168.1.1 //-t表示持续向目标地址发送数据包，可按快捷键ctrl+c强制停止

ping -a 192.168.1.1 //-a表示将IP解析为主机名

习题强化

1. 应用ENSP模拟器搭建如图3-9所示网络拓扑，并验证PC间是否能够ping通。

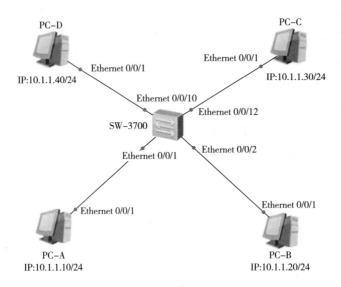

图3-9　网络拓扑

2. 应用ENSP模拟器搭建如图 3-10 所示网络拓扑，并通过server和client自带ping功能验证PC间连通性。

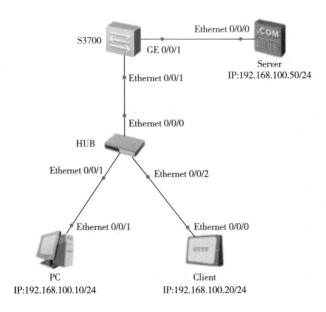

图3-10　网络拓扑

任务 2 华为交换机远程登录管理

一、任务描述

某单位局域网中有多台交换机，由于直接用Console线直连设备进行管理，工作量很大，为了便于管理，网络工程师小王计划远程管理交换机。如果你是网络工程师小王，应该如何实现交换机远程管理？网络拓扑如图3-11所示。

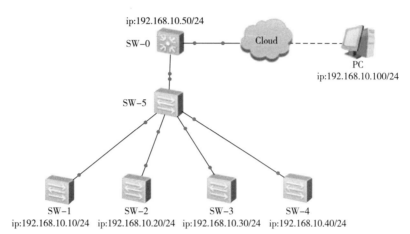

图3-11 交换机远程管理实例网络拓扑

二、任务分析

交换机管理分为带内管理和带外管理，带内管理是通过专用设备线——Console线与设备直连进行管理，带外管理则是通过Telnet或SSH方式远程登录管理。在实际生产中，为了便于管理，常应用远程登录方式管理交换路由设备，但初始安装交换路由设备时，首先应用Console登录方式对交换路由设备配置管理IP及Telnet服务。根据任务描述，可选择AAA认证Telnet远程登录方式管理交换机。

三、相关知识

常见带内远程登录方式有Telnet和SSH方式，由于Telnet方式以明文形式传输用户密码，为了确保数据的传输安全，在实际生产环境中，不推荐使用Telnet。

Telnet协议是TCP/IP协议族中的一员，是Internet远程登录服务的标准协议，它为用户提供了在本地计算机上完成远程设备管理的能力。在客户端安装Telnet程序，用它连接到服务器进行会话，开始一个Telnet新会话时，输入密码或同时输入用户名和密码登录服务器。Telnet是常用的远程控制网络设备的方法。

SSH（Secure Shell）是一个提供数据通信安全、远程登录、远程指令执行等功能的安全网络协议。SSH用于加密两台计算机之间的通信，并且支持各种身份验证机制。利用SSH协议可以有效防止远程管理过程中的信息泄露问题。

现介绍Telnet密码认证登录、Telnet AAA认证方式登录及SSH登录三种方式登录步骤。

实验拓扑如图3-12所示：

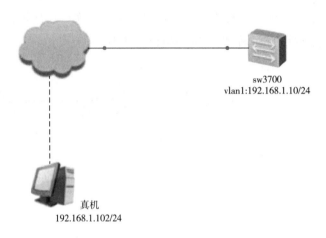

sw3700
vlan1:192.168.1.10/24

真机
192.168.1.102/24

图3-12　远程登录交换机实例网络拓扑

（一）密码认证方式登录

<Huawei>undo terminal monitor　//关闭信息中心

<Huawei>system-view　//进入系统视图模式

[Huawei]sysname sw3700　//更改交换机名称为sw3700

[sw3700]interface VLAN 1　//进入管理VLAN

[sw3700-VLANif1]ip address 192.168.1.10 255.255.255.0 //配置VLAN管理IP

[sw3700-VLANif1]quit　//退出

[sw3700]telnet server enable　//打开Telnet服务（一般默认开启）

[sw3700]user-interface vty 0 4　　//进入虚拟终端，开启5个虚拟接口

[sw3700-ui-vty0-4]authentication-mode password　//配置虚拟终端接口密码认证方式

[sw3700-ui-vty0-4]set authentication password cipher zjgk1234　//设置接口验证密码，密码zjgk1234

[sw3700-ui-vty0-4]user privilege level 15　//设置用户优先级（可选）

[sw3700-ui-vty0-4]idle-timeout 1　//设置登录超时时间为一分钟（可选），如果没有设置用户登录超时，则用户始终处于登录状态，容易导致设备安全问题

[sw3700-ui-vty0-4]return　//返回用户视图

<sw3700>save　//保存配置

验证：在真机上安装SecureCRT软件，通过SecureCRT以密码认证方式远程登录交

换机。如图3-13所示。

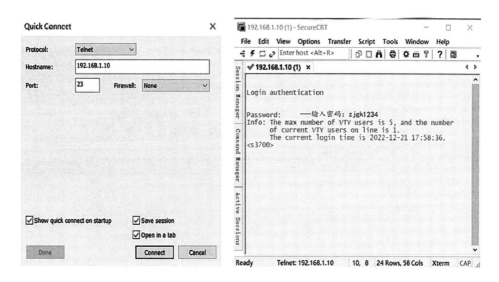

图3-13 通过Telnet密码认证远程登录交换机

（二）AAA认证方式登录

<Huawei>undo terminal monitor　//关闭信息中心

<Huawei>system-view　//进入系统视图模式

[Huawei]sysname sw3700 //更改交换机名称为sw3700

[sw3700]interface VLAN 1　//进入管理VLAN

[sw3700-VLANif1]ip address 192.168.1.10 255.255.255.0 //配置VLAN管理IP

[sw3700-VLANif1]quit　//退出

[sw3700]telnet server enable　//打开Telnet服务（一般默认开启）

[sw3700]user-interface vty 0 4　　//进入虚拟终端，开启5个虚拟接口

[sw3700-ui-vty0-4]authentication-mode AAA　　　//配置用户终端接口认证方式为AAA认证

[sw3700-ui-vty0-4]user privilege level 15　//设置用户优先级（可选）

[sw3700-ui-vty0-4]idle-timeout 1　//设置登录超时时间为一分钟（可选）

[sw3700-ui-vty0-4]quit //退出

[sw3700]AAA　　//进入AAA

[sw3700-AAA]local-user zjgk password cipher zjgk1234　　//创建用户名zjgk 密码zjgk1234

[sw3700-AAA]local-user zjgk privilege level 15 //设置用户优先级

[sw3700-AAA]local-user zjgk service-type telnet　　//授权用户使用Telnet

[sw3700-AAA]return   //返回用户视图

<sw3700>save   //保存配置

验证：在真机上安装SecureCRT软件，通过SecureCRT以AAA认证方式远程登录交换机。如图3-14所示。

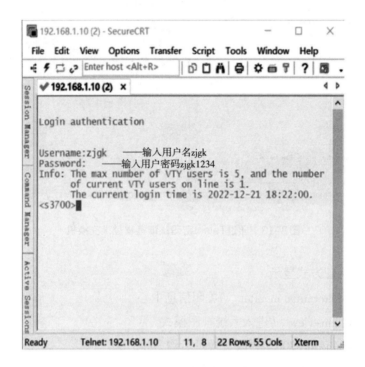

图3-14   通过AAA认证方式远程登录交换机

（三）SSH方式登录

<Huawei>undo terminal monitor   //关闭信息中心

<Huawei>system-view   //进入系统视图模式

[Huawei]sysname sw3700 //更改交换机名称为sw3700

[sw3700]interface VLAN 1   //进入管理VLAN

[sw3700-VLANif1]ip address 192.168.1.10 255.255.255.0 //配置VLAN管理IP

[sw3700-VLANif1]quit   //退出

[sw3700]user-interface vty 0 4   //进入虚拟终端，开启5个虚拟接口

[sw3700-ui-vty0-4]authentication-mode AAA   //配置虚拟终端认证方式为AAA

[sw3700-ui-vty0-4]protocol inbound SSH   //设置vty只支持SSH

[sw3700-ui-vty0-4]quit //退出

[sw3700]AAA   //进入AAA模式

[sw3700-AAA]local-user zjgk password cipher zjgk1234   //创建用户名zjgk 密码zjgk1234 [sw3700-AAA]local-user zjgk privilege level 15 //设置用户优先级

[sw3700-AAA]local-user zjgk service-type SSH //配置本地用户的服务方式为SSH

[sw3700-AAA]quit //退出

[sw3700]SSH user zjgk authentication-type password //创建SSH用户并配置其认证方式为password

[sw3700]SSH user zjgk service-type stelnet //配置SSH用户的服务方式为sTelnet

[sw3700]stelnet server enable //开启stelnet服务

[sw3700]rsa local-key-pair create //生成本地RSA密钥对

[sw3700]

验证：在真机上安装SecureCRT软件，通过SecureCRT以SSH方式远程登录交换机。如图3-15、图3-16所示。

图3-15 SSH方式远程登录交换机

图3-16 输入SSH登录密码

四、任务实施

（1）利用Console登录方式配置交换机管理IP，并保障链路连通。

（2）打开交换机SW-1的Telnet服务。

[SW-1]telnet server enable   //打开Telnet服务（一般默认开启）

（3）配置交换机SW-1虚拟终端。

[SW-1]user-interface vty 0 4   //进入虚拟终端，开启5个虚拟接口

[SW-1-ui-vty0-4]authentication-mode AAA //配置用户终端接口认证方式 AAA验证

[SW-1-ui-vty0-4]user privilege level 15   //设置用户优先级（可选）

[SW-1-ui-vty0-4]quit //退出

（4）在交换机SW-1配置AAA认证。

[SW-1]AAA   //进入AAA

[SW-1-AAA]local-user myjob password cipher 123456 //创建用户名myjob 密码123456

[SW-1-AAA]local-user myjob privilege level 15 //设置用户优先级

[SW-1-AAA]local-user myjob service-type telnet   //授权用户使用Telnet

[SW-1-AAA]return //返回用户视图

（5）保存配置。

<SW-1>save   //保存配置

（6）按照以上步骤，完成其他交换机配置（用户名与密码相同）。

验证：在真机上安装SecureCRT软件，通过SecureCRT远程登录交换机。如图 3-17、图3-18所示。

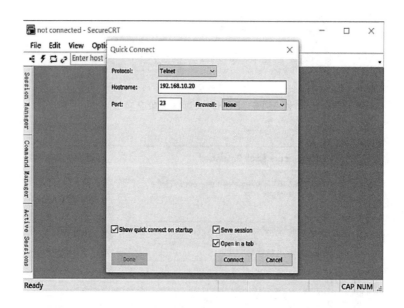

图3-17　Telent方式远程登录交换机

图3-18　成功登录交换机

五、知识拓展

（一）Header信息配置

header命令用来设置用户登录设备时终端上显示的标题信息。缺省情况下，用户登录时终端上不显示标题信息。

配置命令：

header { login | shell } information text

Login：在用户登录设备认证过程中，激活终端连接时显示的标题信息。

Shell：当用户成功登录到设备上，已经建立的会话显示的标题信息。

information text：指定标题信息和内容。

配置实例：

<HUAWEI> system-view

[HUAWEI] header shell information &Hello! Welcome to system!&　// 在起始字符"&"后直接输入标题信息，再以"&"作为结束字符，按回车键执行完毕。

用户登录成功后会显示Shell标题：

Hello! Welcome to system!

（二）接口描述信息配置

为了方便管理和维护设备，可以配置接口的描述信息，描述接口所属的设备、接口类型和对端网元设备等信息。

配置命令：

description *description* // *description*为描述信息

配置实例：

<Huawei>sys

[Huawei]interface g0/0/1 //进入接口g0/0/1视图

[Huawei–GigabitEthernet0/0/1]description linktomyhome //配置接口描述信息为：linktomyhome，缺省情况下，接口的描述信息为空

（三）命令级别及用户级别

在华为设备中，命令级别共分0~3四个级别，将所有用户的操作权限分为0~15共16个等级，0为最低等级，15为最高等级，等级越高，能执行的命令就越多，权限也越大。用户级别及命令等级如表3-1所示。

表3-1　用户级别及权限

用户等级	命令等级	名称	操作
0	0	访问级	诊断/查看（tracert、ping、telnet）
1	0，1	监控级	系统维护，display
2	0，1，2	配置级	网络配置，包括路由、各个网络层次的配置
3~15	0，1，2，3	管理级	系统管理层面（升级系统/上传下载文件，debug）

习题强化

1. 如图 3-19 所示，由于Telnet认证方式不安全，用户希望使用SSH方式进行远程登录设备。终端PC和SSH服务器之间路由可达，SSH_Server IP地址为 10.137.217.203/16。在SSH服务器端配置用户client001，PC使用client001用户以Password认证方式登录SSH服务器。请根据图示写出配置思路，完成SSH登录配置。

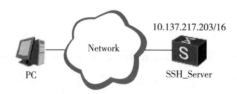

图3-19　SSH方式远程登录设备示意图

2. 如图 3-20 所示，R1 设备直连R2 设备，R1g0/0/0 接口IP为 12.1.1.1/24，R2 g0/0/0接口IP为12.1.1.2/24。R1为客户端，R2为Telnet服务器端，Telnet登录密码为123。在R2上配置Telnet服务，使R1通过Telnet以密码认证方式远程登录R2。请你写出配置思路与

配置步骤。

图3-20 Telnet方式远程登录设备拓扑图

3. 如图 3-21 所示，R1 设备直连R2 设备，R1g0/0/0 接口IP为 10.1.1.10/24，R2 g0/0/0
接口IP为 10.1.1.100/24。R1 为客户端，R2 为Telnet服务器端。在客户机R1 上以用户名为
admin 密码为123，通过AAA认证方式远程登录R2。请你写出配置思路与配置步骤。

图3-21 AAA认证Telnet方式远程登录设备拓扑图

任务 3 划分 VLAN

一、任务描述

某公司有财务部和市场部，财务部2名员工，市场部2名员工，员工主机均接入同
一个交换机。为了通信安全，避免广播报文泛滥，现要求部门内部主机能够互相通信，
不同部门的主机不能通信。如果你是该公司网络工程师，请你实现任务要求。

二、任务分析

根据任务描述，可以利用VLAN技术实现任务要求。在交换机上分别创建两个
VLAN，如VLAN10 和VLAN20，把连接财务部员工主机的接口划分到VLAN10，把连接
市场部员工的接口划分到VLAN20。根据VLAN间通信隔离特性，即可实现同一部门主
机互相通信，不同部门主机不能通信的目的。

三、相关知识

（一）认识VLAN

VLAN（Virtual Local Area Network）即虚拟局域网，是一种通过将局域网内的设备
逻辑地划分成一个个网段从而实现虚拟工作组的广泛应用的技术。

VLAN技术允许网络管理者将一个物理的LAN逻辑地划分成不同的广播域（或称

虚拟LAN，即VLAN），每一个VLAN都包含一组有着相同需求的主机，与物理上形成的LAN有着相同的属性。但由于它是逻辑地而不是物理地划分，同一个VLAN内的各个主机无须被放置在同一个物理空间里，即这些工作站不一定属于同一个物理LAN网段。一个VLAN内部的广播和单播流量都不会转发到其他VLAN中，从而有助于控制流量、减少设备投资、简化网络管理、提高网络安全。

VLAN是为解决以太网的广播问题和安全性而提出的一种网络架构，它在以太网帧的基础上增加了VLAN头，用VLAN ID把用户划分为更小的工作组，限制不同工作组间的用户二层互访，每个工作组就是一个虚拟局域网。虚拟局域网的好处是可以限制广播范围，并能够形成虚拟工作组，动态管理网络。

VLAN技术的出现，主要是为了解决交换机在进行局域网互联时无法限制广播的问题。这种技术可以把一个LAN划分成多个逻辑的LAN，每个VLAN是一个广播域，VLAN内的主机间通信就和在一个LAN内一样，而VLAN间则不能直接通信，因此，广播报文被限制在一个VLAN内。

VLAN优点有：

（1）一个VLAN就是一个广播域，同一个VLAN中主机的IP地址在同一个网段。

（2）防范广播风暴。限制网络上的广播，将网络划分为多个VLAN可减少广播影响的设备数量。LAN分段可以防止广播风暴波及整个网络。使用VLAN可以将某个交换机接口或用户指定到某个特定的VLAN，该VLAN可以在一台交换机中或跨接多台交换机，一个VLAN中的广播不会发送到VLAN之外。

（3）增强局域网的安全性。同一部门的主机放到一个VLAN，不同VLAN主机必须通过路由设备才能通信，从而可利用路由控制技术降低泄露信息的可能性。

（二）图解VLAN划分意义

图3-22为未划分VLAN的ARP广播示意图，当主机A发送ARP广播帧时，该帧会被接口2、3、4接收。

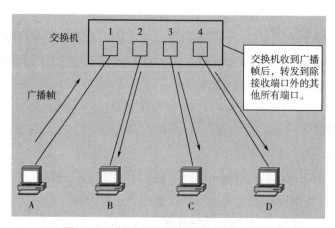

图3-22　未划分VLAN的ARP广播示意图

假设在交换机上划分红、蓝两个VLAN，如图3-23所示，接口1、2属于红色VLAN、接口3、4属于蓝色VLAN。当主机A发送ARP广播帧时，交换机就只会转发给同一个VLAN的其他接口，即同属红色VLAN的接口2，不会再转发给蓝色VLAN的接口。

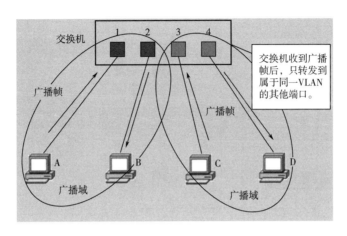

图3-23　划分VLAN的ARP广播示意图

同样，主机C发送ARP广播帧时，只会被转发给其他属于蓝色VLAN的接口，不会被转发给属于红色VLAN的接口。

如此，通过VLAN划分限制了广播帧转发范围，实现了广播域分割。图3-23中为了便于说明，以红、蓝两色识别不同的VLAN，在实际使用中则是用"VLAN ID"来区分。

（三）VLAN通信原理

如图3-24所示，交换机未划分VLAN，只有一个默认VLAN1，所有接口默认属于VLAN1，VLAN1不能被删除。当A主机与D主机通信时，数据帧通过F0接口进入交换机后会被加上VLAN1标记，并把该帧转发给所有接口，数据帧从F3接口出交换机后，会被去掉VLAN1标记。

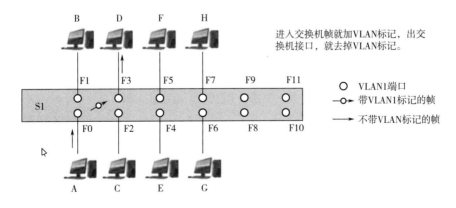

图3-24　未划分VLAN的交换机数据传输示意图

如果在一个交换机上划分了2个VLAN，如图3-25所示，A主机与D主机通信时，帧由F0接口进入交换机后会被加上VLAN1标记，该帧向所有VLAN1的接口转发，此时该帧不会向VLAN2的接口转发，当从F3接口出交换机时，会被去掉VLAN1标记。

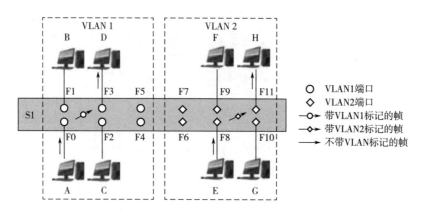

图3-25　划分2个VLAN的交换机数据传输示意图

同理，当主机E与主机H通信时，由F8接口进入交换机后，帧被加上VLAN2的标记，并转发给所有VLAN2的接口，而不会转发给VLAN1的接口，帧从F11接口出交换机后，会被去掉VLAN2标记。

在一个交换机上划分两个VLAN，相当于两个独立的交换机，两个VLAN通信需要路由器转发（如图3-26所示）。

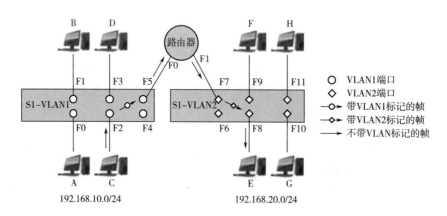

图3-26　同一交换机不同VLAN间通信示意图

如果两个VLAN是跨交换机的，同一VLAN间如何通信呢？可将两个交换机同属一个VLAN的接口用连线连接，这样同一VLAN间就可以通信了。

例如：主机B与主机C通信，帧由交换机S1的F1接口进入，加上VLAN1标记，从交换机S1的F4接口出交换机，并去掉VLAN1标记，然后帧由S2交换机的F5接口进入，加上VLAN1的标记，并从S2交换机的F2接口出交换机，去掉VLAN1标记，主机C接收帧（如图3-27所示）。主机H与主机G通信，同理。

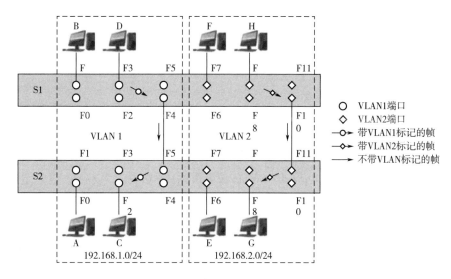

图3-27　跨交换机的同一VLAN间数据通信示意图

如果交换机上划分的VALN较多，若为每一个VLAN用连线连接，会造成资源浪费，实际配置中，常在两个交换机间配置一条干线，在这一条干线上，允许所有帧通过，以此实现跨交换机的同一VLAN间通信（如图3-28所示）。

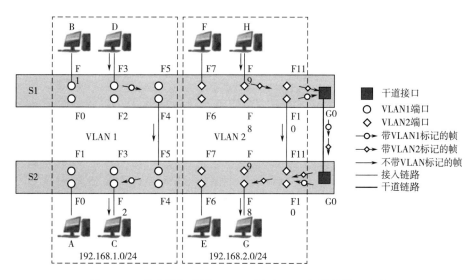

图3-28　跨交换机的同一VLAN通过Trunk干道通信示意图

要实现这一功能，必须把交换机上连接干线的接口定义为干道接口，即Trunk口。主机D与主机C通信时，由F3接口进入交换机S1，加上VLAN1的标记，从S1交换机的干道接口G0转发给S2交换机的G0接口，其间VLAN1标记不去掉，然后带VLAN1的帧转发给S2交换机上的VLAN1所有接口，最后从S2交换机的F2接口出交换机，去掉VLAN1标记，主机C接收帧。主机H与主机G通信，同理。

（四）划分VLAN步骤

划分VLAN需要经过创建VLAN、配置接口类型、将VLAN和接口关联、检查配置结果等步骤。

1. 创建VLAN

在系统视图下建立VLAN，格式如下：

VLAN *VLAN-id* // *VLAN-id*的取值范围是1~4094

VLAN batch {*VLAN-id* [to *VLAN-id2*] } //批量创建VLAN

2. 配置接口类型

interface interface-type *interface-number*　　//进入需要加入VLAN的以太网接口视图。

port link-type { Access | Hybrid | Trunk } //配置以太网接口的链路类型，缺省情况下，接口的链路类型为Hybrid。如果以太网接口直接与终端连接，该接口类型可以是Access类型，也可使用Hybrid。如果以太网接口与另一台交换机设备的接口连接，该接口类型可以是Trunk类型，也可使用Hybrid。

3. 将VLAN关联接口

在接口视图下执行：

port default VLAN *VLAN-id* //将Access接口加入到指定的VLAN中。在VLAN视图下执行命令port interface-type { interface-number1 [to interface-number2] }，表示向VLAN中添加一个或一组接口。

port trunk allow-pass VLAN { *VLAN-id1* [to *VLAN-id2*] }　　　//允许哪些VLAN通过Trunk接口。

4. 检查配置结果

display VLAN　　　//查看所有VLAN或指定VLAN的显示信息。

四、任务实施

根据任务描述及任务分析，网络拓扑规划如图3-29所示。

实施步骤：

（1）完成主机IP配置。

（2）在交换机SW上创建2个VLAN，VLAN10和VLAN20。

<Huawei>undo terminal monitor //关闭信息显示功能

<Huawei>system-view //进入系统视图

<Huawei>systemname SW //修改设备名称为SW

[SW]VLAN 10　//创建VLAN10

[SW－VLAN]VLAN 20　//创建VLAN20

[SW－VLAN]quit　//退出VLAN视图

[SW]

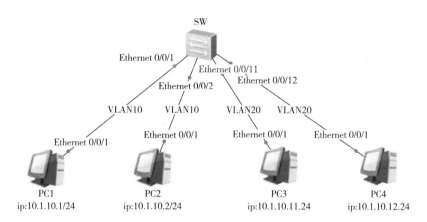

图 3-29　创建VLAN实例网络拓扑

（3）将Ethernet 0/0/1、Ethernet 0/0/2 接口加入到VLAN10，将Ethernet 0/0/11、Ethernet 0/0/12接口加入到VLAN20。

[SW]interface Ethernet 0/0/1　//进入接口视图

[SW－Ethernet0/0/1]port link－type Access　　//设置接口类型为Access

[SW－Ethernet0/0/1]port default VLAN 10　　//把当前接口加入到VLAN10

[SW－Ethernet0/0/1]quit　　//退出接口视图

[SW]interface Ethernet 0/0/2

[SW－Ethernet0/0/2]port link－type Access

[SW－Ethernet0/0/2]port default VLAN 10

[SW－Ethernet0/0/2]quit

[SW]interface Ethernet 0/0/11

[SW－Ethernet0/0/11]port link－type Access

[SW－Ethernet0/0/11]port default VLAN 20

[SW－Ethernet0/0/11]quit

[SW]interface Ethernet 0/0/12

[SW－Ethernet0/0/12]port link－type Access

[SW－Ethernet0/0/12]port default VLAN 20

[SW－Ethernet0/0/12]quit

[SW]

（4）查处划分结果。

```
<SW> display vlan
The total number of vlans is : 3
--------------------------------------------------------------------------------
U:Up;          D:Down;          TG:Tagged;          UT:Untagged;
MP:Vlan-mapping;                ST:Vlan-stacking;
#:ProtocolTransparent-vlan;             * : management-vlan;
--------------------------------------------------------------------------------

VLAN ID Type
--------------------------------------------------------------------------------
1       common    UT: Eth0/0/3(D)      Eth0/0/4(D)      Eth0/0/5(D)     Eth0/0/6(D)
                  Eth0/0/7(D)      Eth0/0/8(D)      Eth0/0/9(D)     Eth0/0/10(D)
                  Eth0/0/13(D)     Eth0/0/14(D)     Eth0/0/15(D)    Eth0/0/16(D)
                  Eth0/0/17(D)     Eth0/0/18(D)     Eth0/0/19(D)    Eth0/0/20(D)
                  Eth0/0/21(D)     Eth0/0/22(D)     GE0/0/1(D)      GE0/0/2(D)

10      common    UT: Eth0/0/1(U)      Eth0/0/2(U)

20      common    UT: Eth0/0/11(U)     Eth0/0/12(U)

VID Status Property        MAC-LRN Statistics Description
--------------------------------------------------------------------------------
1    enable default    enable disable     VLAN 0001
10   enable default    enable disable     VLAN 0010
20   enable default    enable disable     VLAN 0020
```

（5）验证：同一VLAN主机能够通信，不同VLAN主机不能通信。

五、知识拓展

（一）华为交换机接口类型

华为交换机接口链路类型有三种：Access接口、Trunk接口和Hybrid接口。

1. Access接口

Access接口属于普通接口，通常用于连接PC。当Access接口收到一个数据帧时，先判断是否有VLAN信息，如果没有，则打上自己的PVID（缺省VLAN）；如果有，则直接丢弃。当Access接口要转发一个数据帧时，先判断该帧的VLAN是否和自己的VLAN相同，如果相同，则剥离VLAN信息，再转发；如果不同，则丢弃。Access接口只能承载一个VLAN的流量。

2. Trunk接口

Trunk接口属于干道接口，该接口可以允许多个VLAN通过。默认情况下，华为交换机只允许默认的VLAN1的流量通过。当Trunk接口收到一个数据帧时，先判断是否允许该VLAN的流量通过，如果允许，则转发到相应的接口，由相应的接口进行处理，如果不允许，则丢弃。Trunk接口发送数据帧时，同样判断是否允许该VLAN的流量通过，如果允许，则转发到相应的接口，由相应的接口进行处理；如果不允许，则直接丢弃。

Trunk接口可以承载多个VLAN的流量。

3. Hybrid接口

Hybrid接口用于连接PC或交换机，华为交换机的默认接口类型为Hybrid接口。当Hybrid接口收数据帧时，先判断该数据帧是否有VLAN标记，如果收到的数据帧没有VLAN标记，则标记为自己的PVID，检查该PVID是否为接口允许的VLAN ID，如果允许就接收，不允许就丢弃；如果有VLAN标记，则检查该帧所携带的VLAN ID是否为接口允许的VLAN ID，如果是接口允许的就接收，否则就丢弃。

当数据帧从Hybrid接口发送时，首先判断该帧所携带的VLAN ID是否是接口允许的，如果不是接口允许的VLAN ID就丢弃，如果是接口允许的VLAN ID，则检查是否要求剥离TAG标记，如果要求剥离TAG标记，则剥离TAG标记后发送，否则直接发送。

华为交换机接口默认为Hybrid模式，Hybrid接口既可以实现Access接口的功能，也可以实现Trunk接口的功能，可以不借助三层设备即可实现跨VLAN通信和访问控制，相对于Access接口和Trunk接口具有更高的灵活性与可控性。Trunk和Hybrid接口的唯一区别是，Hybrid在接口发送数据的时候可以允许多个VLAN报文不带标签，而Trunk接口只允许默认的PVID发送VLAN报文时不打标签。

华为交换机不同链路接口对数据帧的处理方式如表3-2所示。

表3-2　华为交换机不同链路接口对数据帧的处理方式

接口类型	接收帧处理过程	发送帧处理过程
Access 接口	判断数据帧的VLAN Tag：	先剥离帧的PVID Tag，然后再发送
	无Tag，则添加本接口PVID Tag	
	有Tag，若Tag与PVID Tag相同，则允许该VLAN帧进入，否则丢弃	
Trunk 接口	判断数据帧VLAN Tag：	判断VLAN在本接口的属性：
	无Tag，则添加本接口PVID Tag。当PVID在允许通过的VLAN ID列表里时，则允许该VLAN帧进入，否则丢弃	如果是接口的PVID Tag，且是该接口允许通过的VLAN ID时，先剥离帧的PVID Tag，然后再发送
	有Tag，当该数据帧的VLAN ID在允许通过的VLAN ID列表里时，则允许该VLAN帧进入，否则丢弃	如果不是接口的PVID Tag，且是该接口允许通过的VLAN ID时，则直接发送，否则丢弃
Hybrid 接口	判断数据帧VLAN Tag：	判断接口是否允许该数据帧通过：
	无Tag，则添加本接口PVID Tag。当PVID在允许通过的VLAN ID列表里时，则允许该VLAN帧进入，否则丢弃	如果允许，则发送该数据帧。发送时，可以通过命令设置发送时是否携带VLAN Tag
	有Tag，当该数据帧的VLAN ID在允许通过的VLAN ID列表里时，则允许该VLAN帧进入，否则丢弃	如果不允许，直接丢弃

（二）VLAN划分方式

VLAN可以基于接口、MAC地址、子网、网络层协议、匹配策略方式来划分。

1. 基于接口的VLAN划分：根据交换机的接口编号划分VLAN，这是最常用的VLAN划分方式。通过将交换机的接口定义为一个VLAN，实现VLAN的划分。这种VLAN划分方式简单明了，管理方便，但维护相对繁琐。

2. 基于MAC地址的VLAN划分：根据每个主机的MAC地址划分VLAN。当终端用户的物理位置发生改变，不需要重新配置VLAN，提高了终端用户的安全性和接入的灵活性。

3. 基于子网的VLAN划分：交换机根据报文中的源IP地址信息划分VLAN，不同的源IP地址添加不同VLAN ID。将指定网段或IP地址发出的报文在指定的VLAN中传输，减轻了网络管理者的任务量，有利于管理。

4. 基于网络层协议的VLAN划分：根据接口接收到的报文所属的协议（族）类型及封装格式划分VLAN。将网络中提供的服务类型与VLAN相绑定，方便管理和维护。

5. 基于匹配策略（MAC地址、IP地址、接口）的VLAN划分：在交换机上配置终端的MAC地址和IP地址，并与VLAN关联。基于MAC地址和IP地址划分VLAN后，禁止用户改变IP地址或MAC地址。

习题强化

1. 某公司有生产部、销售部和财务部三个部门，三个部门的主机均连接到一台交换机SW，为了通信安全，要求各部门通信相对独立，进行了VLAN划分，如图3-30所示。请根据网络拓扑完成VLAN配置。

2. 公司有销售部、财务部1和财务部2，三部门主机均连接至同一台交换机SW。公司为了财务部安全，要求通过VLAN技术隔离销售部和财务部的设备，财务部之间能够正常通信。请根据以上要求画出网络拓扑，完成VLAN划分。

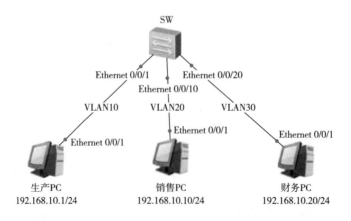

图3-30 VLAN划分习题强化网络拓扑

任务 4　配置 Trunk 链路和 SVI 实现 VLAN 间通信

一、任务描述

某公司有策划部和销售部两个部门，两部门员工在办公楼二楼和三楼均有办公室，二楼和三楼各有一台交换机，员工办公电脑就近接入交换机。为了部门安全及避免通信干扰，要求部门内能够正常通信，不同部门不能通信。请你利用VLAN技术完成网络规划与配置。如果要求部门内通信独立，部门间又能够相互通信，又该如何规划与配置网络？

二、任务分析

根据任务描述，要求接入不同交换机的同一部门主机能够通信，不同部门间主机不能通信，这就涉及交换机间同一VLAN间通信问题。要完成交换机间同一VLAN间通信，需要在两交换机间配置Trunk模式，允许传递不同VLAN。网络规划如图 3–31 所示。

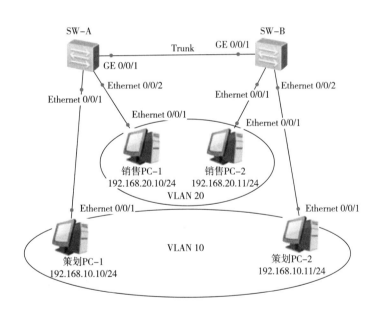

图 3–31　跨交换机同一VLAN间通信实例网络拓扑

不同VLAN间通信可以采用路由技术或三层交换机SVI（Switch Virtual Interface，交换机虚拟接口）技术实现。此处，我们选用三层交换机SVI技术。网络规划如图 3–32 所示。

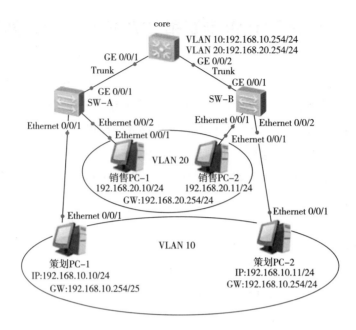

图3-32　SVI技术实现VLAN间通信实例网络拓扑

三、相关知识

（一）Trunk链路

在网络规划中，交换机之间通常配置Trunk链路，用于接收和发送多个VLAN报文。

Trunk链路传输过程遵循以下规则：

Trunk接口接收数据帧时：

首先判断数据帧是否有VLAN Tag，如果没有VLAN Tag，则添加本接口PVID Tag。当PVID在允许通过的VLAN ID列表里时，则允许该VLAN帧进入，否则丢弃。如果有VLAN Tag，当该数据帧的VLAN ID在允许通过的VLAN ID列表里时，则允许该VLAN帧进入，否则丢弃。

Trunk发送数据帧时：

首先判断数据帧的VLAN Tag是否是本接口的PVID Tag，如果是本接口的PVID Tag且是该接口允许通过的VLAN ID时，先剥离帧的PVID Tag，然后再发送。如果不是接口的PVID Tag，且是该接口允许通过的VLAN ID时，则直接发送，否则丢弃。

交换机之间的一般配置是Trunk链路。Trunk链路传输原理见图3-33。

Trunk接口配置方式：

（1）进入端口，配置示例：

[huawei]interface e0/0/0

（2）设置端口模式，配置示例：

[Huawei-ethernet0/0/0]port link-type Trunk

（3）设置 Trunk 允许通过的VLAN，配置示例：

[Huawei-ethernet0/0/0]port Trunk allow-pass VLAN 10 20 //允许VLAN10、VLAN20通过Trunk

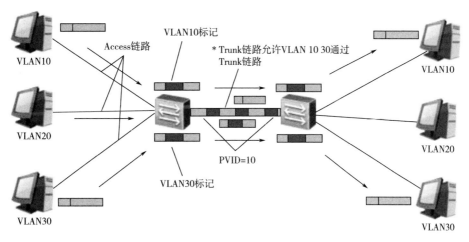

图3-33 Trunk链路传输原理示意图

（二）SVI技术

SVI是交换机的VLAN接口，是一个虚拟接口，用于连接整个VLAN，同一交换机的SVI能够实现VLAN间的路由。一个交换机虚拟接口对应一个VLAN，一个VLAN仅有一个SVI，SVI接口同时是该交换机的管理接口和本VLAN内终端设备的网关。

SVI技术实现VLAN间通信原理如图3-34所示。

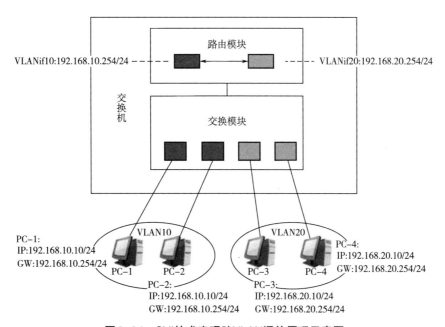

图3-34 SVI技术实现跨VLAN通信原理示意图

SVI接口配置方式：

（1）进入VLAN接口，配置示例：

[Huawei]interface VLAN 1

（2）配置SVI地址，配置示例：

[Huawei–VLANif1]ip address 192.168.1.1 24

四、任务实施

（一）跨交换机的同一VLAN间通信

（1）配置PC。

（2）在SW–A创建VLAN10、VLAN20，并把Ethernet0/0/1、Ethernet0/0/2 接口分别加入VLAN 10和VLAN20。

<Huawei>sys

[Huawei]sys SW–A

[SW–A]VLAN batch 10 20　//创建VLAN10、VLAN20

[SW–A]interface Ethernet0/0/1 //进入接口

[SW–A–Ethernet0/0/1]port link–type Access //配置接口类型为Access

[SW–A–Ethernet0/0/1]port default VLAN 10　//加入接口到VLAN10

[SW–A–Ethernet0/0/1]quit

[SW–A]interface Ethernet0/0/2

[SW–A–Ethernet0/0/2]port link–type Access

[SW–A–Ethernet0/0/2]port default VLAN 20

[SW–A–Ethernet0/0/2]quit

[SW–A]

（3）在SW–B创建VLAN10、VLAN20，并把Ethernet0/0/1、Ethernet0/0/2 接口分别加入VLAN 20和VLAN10。

<Huawei>sys

[Huawei]sys SW–B

[SW–B]VLAN batch 10 20

[SW–B]interface Ethernet0/0/1

[SW–B–Ethernet0/0/1]port link–type Access

[SW–B–Ethernet0/0/1]port default VLAN 20

[SW–B–Ethernet0/0/1]quit

[SW–B]interface Ethernet0/0/2

[SW–B–Ethernet0/0/2]port link–type Access

[SW-B-Ethernet0/0/2]port default VLAN 10

[SW-B-Ethernet0/0/2]quit

[SW-B]

（4）分别把SW-A的GE0/0/1、SW-B的GE0/0/1配置为Trunk接口。

[SW-A]interface GE0/0/1

[SW-A-GigabitEthernet0/0/1]port link-type Trunk //配置接口类型为Trunk

[SW-A-GigabitEthernet0/0/1]port Trunk allow-pass VLAN all //允许所有VLAN通过Trunk

[SW-A-GigabitEthernet0/0/1]quit

[SW-A]

[SW-B]interface GE0/0/1

[SW-B-GigabitEthernet0/0/1]port link-type Trunk

[SW-B-GigabitEthernet0/0/1]port Trunk allow-pass VLAN all

[SW-B-GigabitEthernet0/0/1]quit

[SW-B]

（5）验证：同一VLAN间主机能够通信，不同VLAN间主机不能通信。

（二）SVI实现跨交换机的VLAN间通信

（1）配置PC。

（2）划分VLAN，并把相应接口加入到VLAN。

<Huawei>u t m//关闭告警信息

<Huawei>sys

[Huawei]sys SW-A

[SW-A]VLAN batch 10 20

[SW-A]interface Ethernet0/0/1

[SW-A-Ethernet0/0/1]port link-type Access

[SW-A-Ethernet0/0/1]port default VLAN 10

[SW-A-Ethernet0/0/1]interface Ethernet0/0/2

[SW-A-Ethernet0/0/2]port link-type Access

[SW-A-Ethernet0/0/2]port default VLAN 20

[SW-A-Ethernet0/0/2]quit

[SW-A]

<Huawei>u t m

<Huawei>sys

[Huawei]sys SW-B

[SW-B]VLAN batch 10 20

[SW−B]interface Ethernet0/0/1

[SW−B−Ethernet0/0/1]port link−type Access

[SW−B−Ethernet0/0/1]port default VLAN 20

[SW−B−Ethernet0/0/1]interface Ethernet0/0/2

[SW−B−Ethernet0/0/2]port link−type Access

[SW−B−Ethernet0/0/2]port default VLAN 10

[SW−B−Ethernet0/0/2]quit

[SW−B]

（3）创建Trunk接口。

[SW−A]interface GE0/0/1

[SW−A−GigabitEthernet0/0/1]port link−type Trunk

[SW−A−GigabitEthernet0/0/1]port Trunk allow−pass VLAN all

[SW−A−GigabitEthernet0/0/1]quit

[SW−A]

[SW−B]interface GE0/0/1

[SW−B−GigabitEthernet0/0/1]port link−type Trunk

[SW−B−GigabitEthernet0/0/1]port Trunk allow−pass VLAN all

[SW−B−GigabitEthernet0/0/1]quit

[SW−B]

[core]interface GE0/0/1

[core−GigabitEthernet0/0/1]port link−type Trunk

[core−GigabitEthernet0/0/1]port Trunk allow−pass VLAN all

[core−GigabitEthernet0/0/1]interface GE0/0/2

[core−GigabitEthernet0/0/2]port link−type Trunk

[core−GigabitEthernet0/0/2]port Trunk allow−pass VLAN all

[core−GigabitEthernet0/0/2]quit

[core]

（4）在core交换机配置VLAN10、VLAN20的SVI接口（或VLAN管理IP）。

<Huawei>u t m

<Huawei>sys

[Huawei]sys core

[core]VLAN batch 10 20

[core]interface VLAN 10 //进入VLAN10管理接口

[core−VLANif10]ip address 192.168.10.254 24 //配置VLAN10接口IP

[core-VLANif10]interface VLAN 20

[core-VLANif20]ip address 192.168.20.254 24

[core-VLANif20]quit

[core]

（5）验证：PC间能够相互通信。

五、知识拓展

（一）网关

网关（Gateway）是一个网络连接到另一个网络的"关口"，网关又称网间连接器、协议转换器。网关在网络层以上实现网络互联，既可以用于广域网互联，也可以用于局域网互联。由于大多数局域网采用路由器接入网络，因此通常指的网关就是路由器的接口IP。

网关实质上是一个网络通向其他网络的IP地址。比如，网络A和网络B，网络A的IP地址范围为 192.168.1.1～192.168.1.254，子网掩码为 255.255.255.0；网络B的IP地址范围为 192.168.2.1～192.168.2.254，子网掩码为 255.255.255.0。由于两个网络属于不同网段，在没有路由器的情况下，两个网络之间是不能进行通信的。而要实现这两个网络之间的通信，必须通过网关。如果网络A中的主机发现数据包的目的主机不在本地网络中，就把数据包转发给它的网关，再由网关转发给网络B的网关，网络B的网关再将数据包转发给网络B的某个主机。

因此，只有设置好网关的IP地址，TCP/IP协议才能实现不同网络之间的相互通信。网关是具有路由功能的设备的IP地址，路由器、启用了路由协议的服务器、代理服务器、VLAN管理IP均可作为网关。网关原理如图3-35所示。

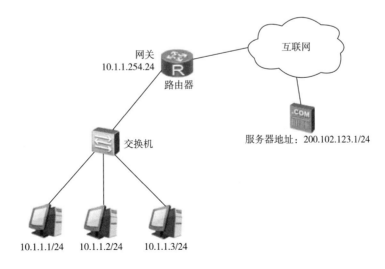

图3-35 网关原理示意图

99

（二）display命令

display命令是网络维护和故障处理的重要工具，可用于查看硬件部件、接口及软件的状态信息。通常这些状态信息可以为用户处理故障提供定位思路。常用display命令见表3-4。

表3-3　常用display命令

信息项	使用命令	使用说明
接口信息	display interface	查看接口的各种信息，常用于设备接口对接故障、查看报文丢包统计
版本信息	display version	查看设备使用的版本信息，可以获取设备软件、BootROM、主控板以及风扇模块等信息，同时，可以获取各种存储器的大小信息
设备状态信息	display health	查看设备的温度信息、电源信息、风扇信息、功率信息、CPU及内存占用率信息和存储介质使用信息
系统当前配置信息	display current-configuration	显示设备当前配置信息
系统保存的配置信息	display saved-configuration	查看设备启动配置信息
时间信息	display clock	显示系统当前日期和时钟

习题强化

1. 按照如图3-36所示网络拓扑创建VLAN，并将接口加入到指定的VLAN，实现同一VLAN主机通信，不同VLAN间主机不能通信。

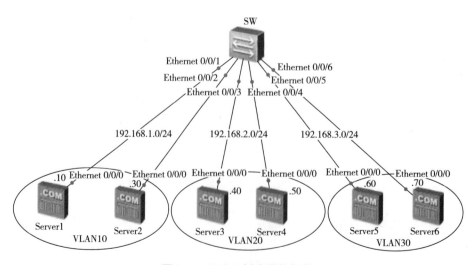

图3-36　VLAN划分网络拓扑

2. 根据如图3-37所示网络拓扑，为每台主机配置IP，并通过配置Trunk实现跨交换机的同一VLAN间主机通信。

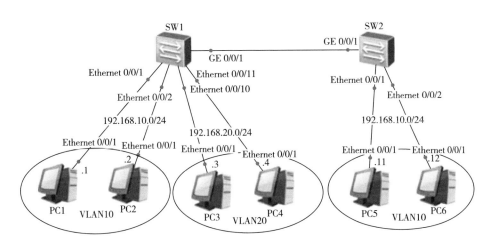

图3-37　Trunk配置网络拓扑

3. 某公司有销售部和设计部，两部门属于不同VLAN。为保证两部门之间通信互不干扰，同时又能实现两部门间正常通信，请利用三层交换机实现VLAN间通信。网络拓扑如图3-38所示。

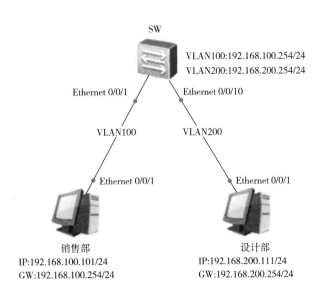

图3-38　SVI配置网络拓扑

4. 某公司在办公楼二楼三楼各有一台三层交换机，二楼三楼既有销售部又有设计部。为了数据传输通畅，要求同一部门间正常通信，不同部门间不能通信。请你完成交换机配置，满足公司网络要求。网络拓扑如图3-39所示。

101

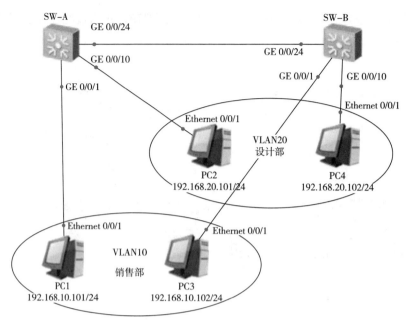

图3-39 Trunk配置网络拓扑

任务5 配置交换机链路聚合

一、任务描述

某公司生产部门和质检部门分别使用一台交换机。两部门主机与交换机间网络带宽均为 100Mb/s，交换机间网络带宽也为 100Mb/s。当两部门之间大量数据传输时，交换机间的带宽会影响传输速率。为此，考虑在两交换机间应用链路聚合技术，实现增加带宽，提高冗余。请根据如图 3-40 所示网络拓扑完成链路聚合配置。

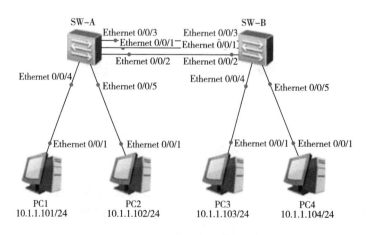

图3-40 链路聚合配置实例网络拓扑

二、任务分析

链路聚合能够增加带宽，实现负载均衡，提高网络连接的可靠性。链路聚合有手工模式和LACP模式，如果两端设备均支持LACP协议，推荐应用LACP聚合模式实现链路聚合。本任务中可应用手工模式，也可以应用LACP模式配置链路聚合。

三、相关知识

（一）链路聚合基本概念

1. 链路聚合

链路聚合（Link Aggregation）是指将多个物理接口捆绑在一起形成一个逻辑接口，以实现出入流量在各成员接口中的负载分担，交换机根据用户配置的接口负载分担策略决定报文通过哪一个成员接口发送和接收。

当交换机检测到其中一个成员接口的链路发生故障时，就停止在此接口上发送和接收报文，并根据负载分担策略在剩下的链路中重新计算报文发送和接收接口，故障接口恢复后重新计算报文发送和接收接口。

2. 链路聚合组和链路聚合接口

链路聚合组LAG（Link Aggregation Group）是指将若干条以太链路捆绑在一起所形成的逻辑链路。

每个聚合组唯一对应着一个逻辑接口，这个逻辑接口称之为链路聚合接口或Eth-Trunk接口。链路聚合接口可以作为普通的以太网接口来使用，但转发数据时，链路聚合组需要从成员接口中选择一个或多个接口进行数据转发。

构成Eth-Trunk接口的各个物理接口称为成员接口。成员接口对应的链路称为成员链路。

链路聚合组与链路聚合接口、成员接口和成员链路的关系如图3-41所示。

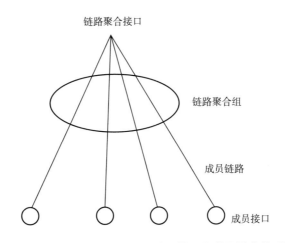

图3-41 聚合组、聚合接口、成员接口和成员链路关系图

链路聚合组的成员接口分为活动接口和非活动接口两种。转发数据的接口称为活动接口，不转发数据的接口称为非活动接口。

活动接口对应的链路称为活动链路，非活动接口对应的链路称为非活动链路（如图3-42所示）。

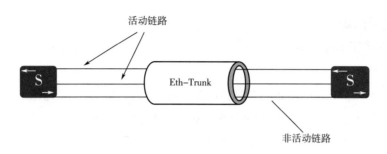

图3-42　链路状态示意图

（二）链路聚合的优势

1. 增加网络带宽

链路聚合可以将多个链路捆绑成为一个逻辑链路，捆绑后的链路带宽是所有独立链路的带宽总和。

2. 负载分担

在一个链路聚合组内，可以实现在各成员活动链路上的负载分担。

3. 提高网络连接的可靠性

链路聚合中的多个链路互为备份，当有一条链路断开时，流量会自动在剩下链路间重新分配。

（三）链路聚合模式

根据是否启用链路聚合控制协议LACP（Link Aggregation Control Protocol），链路聚合分为手工模式和LACP模式。

1. 手工模式

在这种模式下，Eth-Trunk的建立以及成员接口的加入都是手工配置的，没有协议的参与。在该模式下，所有接口都参与数据转发，都是活动接口，所有链路都是活动链路。所有链路平均分担流量，如果某条活动链路出现故障，链路聚合组自动在剩余的活动链路上平均分配流量。

手工模式配置步骤如下：

（1）创建链路聚合组。

interface eth-Trunk *Trunk-id*　　　　　//创建Eth-Trunk接口，并进入Eth-Trunk接口视图。Trunk-id为Eth-Trunk编号，取值范围是0～127。

（2）配置链路聚合模式为手工模式。

mode manual load-balance　//配置Eth-Trunk为手工模式。缺省情况下，Eth-Trunk的工作模式为手工模式。配置时需要保证本端和对端的聚合模式一致，如果本端配置为手工模式，那么对端设备也必须配置为手工模式。

（3）将成员接口加入聚合组。

Trunkport interface-type *interface-number* to *interface-number*　//将一组接口加入到聚合组。

（4）配置负载分担方式。

load-balance { dst-ip | dst-mac | src-ip | src-mac | src-dst-ip | src-dst-mac }，配置Eth-Trunk负载分担方式。缺省情况下，交换机上Eth-Trunk接口的负载分担模式为src-dst-ip。

2. LACP模式

Eth-Trunk的建立是基于LACP协议的，LACP为交换数据的设备提供一种标准的协商方式，以供系统根据自身配置自动形成聚合链路并进行收发数据。聚合链路形成以后，负责维护链路状态。在聚合条件发生变化时，自动调整或解散链路聚合。在LACP模式中，由LACP协议协商确定活动接口和非活动接口。LACP模式也称为M:N模式，这种方式同时可以实现链路负载分担和链路冗余备份双重功能。在链路聚合组中M条链路处于活动状态，这些链路负责转发数据并进行负载分担，另外N条链路处于非活动状态作为备份链路，不转发数据。当M条链路中有链路出现故障时，系统会从N条备份链路中选择优先级最高的接替出现故障的链路，并开始转发数据。

LACP模式配置步骤如下：

（1）创建链路聚合组。

interface eth-Trunk *Trunk-id*

（2）配置链路聚合模式为LACP模式。

mode lacp　//配置Eth-Trunk为LACP模式。缺省情况下，Eth-Trunk的工作模式为手工模式。配置时需要保证本端和对端的聚合模式一致，如果本端配置为LACP模式，那么对端设备也必须要配置为LACP模式。

（3）将成员接口加入聚合组。

interface interface-type *interface-number*

eth-Trunk *Trunk-id*

（4）配置负载分担方式（可选）。

load-balance { dst-ip | dst-mac | src-ip | src-mac | src-dst-ip | src-dst-mac }

（5）配置LACP抢占模式（可选）。

lacp preempt enable　//开启当前Eth-Trunk接口的LACP抢占功能。缺省情况下，

LACP为非抢占模式。为保证Eth-Trunk正常工作，要求Eth-Trunk两端统一配置LACP抢占功能。

（6）配置LACP抢占等待时间（可选）。

lacp preempt delay *delay-time*   //配置当前Eth-Trunk接口LACP抢占等待时间。缺省情况下，LACP抢占等待时间为30秒。当链路两端设备配置的抢占等待时间不一致时，以两端最长等待时间为实际抢占等待时间。

（四）链路聚合模式比较

表3-4   链路聚合模式比较

维度	手工模式	LACP模式
Eth-Trunk 建立方式	Eth-Trunk的建立、成员接口的加入由手工配置，没有链路聚合控制协议的参与	Eth-Trunk的建立是基于LACP协议的，LACP为交换数据的设备提供一种标准的协商方式。在聚合条件发生变化时，自动调整或解散链路聚合
是否需要支持LACP协议	不需要	需要
数据转发	正常情况下，所有链路都是活动链路。所有活动链路均参与数据转发。如果某条活动链路故障，链路聚合组自动在剩余的活动链路中分担流量	正常情况下，部分链路是活动链路。所有活动链路均参与数据转发。如果某条活动链路故障，链路聚合组会自动在非活动链路中选择一条链路作为活动链路，参与数据转发的链路数目不变
检测故障	只能检测到同一聚合组内的成员链路有断路等有限故障，但是无法检测到链路断连、错连等故障	不仅能够检测到同一聚合组内的成员链路断路等有限故障，还可以检测到链路故障、链路错连等故障

四、任务实施

（一）手工模式配置

（1）配置PC。

（2）创建一个聚合接口。

<Huawei>u t m

<Huawei>sys

[Huawei]sys SW-A

[SWA]interface Eth-Trunk 1 //创建聚合接口1

（3）配置链路聚合模式为手工模式。

[SW-A-Eth-Trunk1]mode manual load-balance //配置为手工模式

（4）将成员接口加入到聚合接口。

[SW-A-Eth-Trunk1]Trunkport Ethernet 0/0/1 to 0/0/3 //在Eth-Trunk1接口中接入Ethernet 0/0/1到0/0/3三个成员接口

（5）配置负载分担方式。

[SW-A-Eth-Trunk1]load-balance src-dst-mac //配置负载分担模式为src-dst-mac

（6）重复步骤2到步骤5完成SW-B配置。

（7）查看配置结果。

```
[SW-A]disp eth-trunk 1
Eth-Trunk1's state information is:
WorkingMode: NORMAL    Hash arithmetic: According to SA-XOR-DA
Least Active-linknumber: 1    Max Bandwidth-affected-linknumber: 8
Operate status: up    Number Of Up Port In Trunk: 3

--------------------------------------------------------------
PortName       Status    Weight
Ethernet0/0/1  Up        1
Ethernet0/0/2  Up        1
Ethernet0/0/3  Up        1
```

（二）LACP模式配置

（1）配置PC。

（2）创建聚合接口。

[SW-A]inter Eth-Trunk 1

（3）配置链路聚合模式为LACP。

[SW-A-Eth-Trunk1]mode LACP //配置链路聚合模式为LACP模式，应在接口加入聚合接口前配置

（4）将接口加入聚合接口。

[SW-A-Eth-Trunk1]Trunkport e 0/0/1 to 0/0/3

（5）配置最大活动链路数量。

[SW-A-Eth-Trunk1]max active-linknumber 2 //配置最大活动链路数量为2

（6）配置抢占功能。

[SW-A-Eth-Trunk1]lacp preempt enable //开启抢占功能

（7）配置抢占时间。

[SW-A-Eth-Trunk1]lacp preempt delay 20 //配置抢占等待时间为20s，默认30s

（8）重复步骤2到步骤7完成SW-B配置。

（9）查看配置结果。

[SW-B]disp eth-trunk 1
Eth-Trunk1's state information is:
Local:
LAG ID: 1   WorkingMode: STATIC（静态）
Preempt Delay Time: 20（抢占等待时间）   Hash arithmetic: According to SIP-XOR-DIP（负载均衡策略）
System Priority: 32768（系统优先级）   System ID: 4c1f-cc67-2081
Least Active-linknumber: 1（最小活动链路数）   Max Active-linknumber: 2（最大活动链路数）
Operate status: up（状态 up）   Number Of Up Port In Trunk: 2（活动接口数为 2）

ActorPortName	Status	PortType	PortPri	PortNo	PortKey	PortState	Weight
Ethernet0/0/1	Selected	100M	32768	2	289	10111100	1
Ethernet0/0/2	Selected	100M	32768	3	289	10111100	1
Ethernet0/0/3	Unselect	100M	32768	4	289	10100000	1

Selected(被选择，活动接口) Unselect(未被选择，非活动接口)

五、知识拓展

（一）PAgP协议与LACP协议

PAgP协议（Port Aggregation Protocol，接口汇聚协议）是思科私有的动态链路汇聚协议。启用PAgP协议，两端接口通过交换PAgP数据包获取对端接口参数，根据这些信息自动形成聚合链路，并指定哪些接口发送PAgP包，哪些接口接收PAgP包。这种协议只能在思科设备上运行。

LACP（Link Aggregation Control Protocol，链路汇聚控制协议）是基于IEEE 802.3ad标准的实现链路动态汇聚与解汇聚的协议，是一种国际标准的链路汇聚协议，兼容大部分厂商的设备。LACP协议通过LACPDU（Link Aggregation Control Protocol Data Unit，链路汇聚控制协议数据单元）与对端交互接口信息，进行协商，实现对汇聚的自动化控制。

在LACP模式下有两种接口模式可选，即active和passive模式。active模式下，不管对端设备是否支持LACP协议，本端都会无条件启用LACP协议，这种模式下接口处于主动协商状态；而passive模式下，只有检测到对端设备支持LACP协议，本端才会启用LACP协议，这种模式下接口处于被动协商状态。

（二）链路聚合负载分担模式

聚合链路可以在多条物理链路上对数据流实现负载均衡，一般可以选择以下6种基准进行负载分担：

dest-ip：基于目的IP地址进行负载分担。

src-ip：基于源IP地址进行负载分担。

dest-mac：基于目的MAC地址进行负载分担。

src-mac：基于源MAC地址进行负载分担。

src-dst-ip：基于源IP地址和目的IP地址进行负载分担。

src-dst-mac：基于源MAC地址和目的MAC地址进行负载分担。

默认的是基于源MAC地址进行负载分担，二层交换机没有特殊要求的话，保持默认负载分担模式即可。

（三）系统LACP优先级与接口LACP优先级

系统LACP优先级：静态LACP模式下，两端设备所选择的活动接口必须保持一致，否则链路聚合组就无法建立。而要想使两端活动接口保持一致，可以使其中一端具有更高的优先级，另一端根据高优先级的一端来选择活动接口即可。系统LACP 优先级就是为了区分两端优先级的高低而配置的参数。系统 LACP 优先级值越小，优先级越高，缺省系统LACP 优先级值为 32768。在两端设备中选择系统LACP优先级较小一端作为主动端，如果系统LACP优先级相同，则选择MAC地址较小的一端作为主动端。

系统LACP优先级配置方式：

lacp priority *priority* //在系统视图下配置系统LACP优先级。

接口LACP优先级：LACP模式下可以通过配置接口LACP优先级来区分不同接口被选为活动接口的优先程度，优先级高的接口将优先被选为活动接口。接口LACP 优先级值越小，优先级越高。缺省情况下，接口LACP 优先级为32768。

接口LACP优先级配置方式：

interface interface-type *interface-number* //进入接口视图。

lacp priority *priority* //配置当前接口的LACP优先级。

👆 **习题强化**

1. 根据如图3-43所示网络拓扑，配置链路聚合手工模式，实现PC间通信。

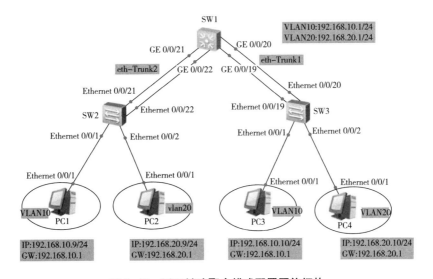

图3-43 手工链路聚合模式配置网络拓扑

2. 根据如图3-44所示网络拓扑，在两交换机间配置链路聚合，要求应用LACP配置模式，且第②③两条链路作为活动链路，第①条链路作为备用链路。

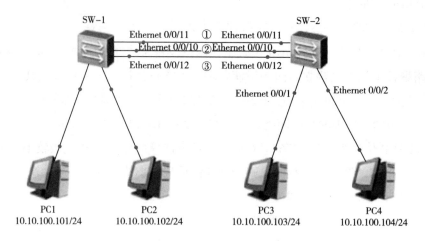

图3-44　LACP链路聚合模式配置网络拓扑

任务6　STP配置

一、任务描述

某公司销售部门和设计部门分别连接一台交换机，为了保障网络通畅，解决链路冗余问题，决定在两交换机间连接两条网线，请你应用STP/RSTP协议解决由此导致的环路问题。网络拓扑如图3-45所示。

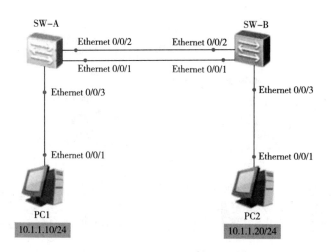

图3-45　STP配置实例网络拓扑

二、任务分析

环路问题是交换机常见的问题，而解决环路问题的有效办法是配置STP（Spanning-Tree Protocol，生成树协议）。由于STP收敛速度慢，在STP的基础上改进产生了RSTP（Rapid Spanning Tree Protocol，快速生成树协议），后又出现具有数据转发冗余和负载均衡功能的MSTP（Multiple Spanning Tree Protocol，多生成树协议）。由于本任务只是解决链路环路问题，可配置STP协议或者RSTP协议。

三、相关知识

（一）STP基本概念

STP（Spanning Tree Protocol，生成树协议）是一种工作在OSI/RM网络模型中的第二层（数据链路层）通信协议，用于防止交换机冗余链路产生的环路，确保以太网中无环路的逻辑拓扑结构，从而避免广播风暴。运行该协议的设备通过彼此交互信息，发现网络中的环路，并有选择地对某些接口进行阻塞，最终将环路网络结构修剪成无环路的树型网络结构，防止报文在环路网络中不断增生和无限循环。

生成树协议工作原理：任意一交换机中如果到达根网桥有两条或者两条以上的链路，根据生成树协议算法只保留一条活动链路，从而保证任意两个交换机之间只有一条活动链路。因为生成的这种拓扑结构很像是以根交换机为树干的树形结构，故称为"生成树协议"。

1. 桥ID

每一台运行STP的交换机都拥有一个唯一的桥ID，交换机的桥ID由16位的桥优先级（Bridge Priority）和48位的MAC地址构成。

2. 根桥

在STP生成树协议中，交换机有根桥和非根桥之分，网络中拥有最小桥ID的交换机将成为根桥。

3. 确定根桥办法

首先判断网桥优先级（网桥优先级取值范围: 0～65535，默认值:32768），优先级值最低的网桥将成为根网桥。如果网桥优先级相同，则比较网桥MAC地址，具有最小MAC地址的交换机或网桥将成为根网桥。

4. 路径开销与根路径开销

路径开销是由接口开销组成的，交换机的每个接口都有一个接口开销（Port Cost）参数，此参数表示该接口在STP中的开销值。路径开销与接口速率有关，速率越快，带宽越高，路径开销值越小。从一个非根桥到达根桥的路径可能有多条，每一条路径都有一个总开销值，非根桥通过对比多条路径的路径开销，选出到达根桥的最短路径，这条最短路径的路径开销称为"根路径开销"。根桥的根路径开销是0。累计根路径开销最小的接口就是根接口。各接口开销（COST）值见表3-5。

表3-5　STP接口开销（COST）计算方式

接口速率	接口模式	STP开销		
		IEEE802.1d-1998标准	IEEE802.1t-1998标准	华为独有计算方法
100M	全双工	19	200000	200
	半双工	18	199999	199
	链路聚合	15	100000	180
1G	全双工	4	20000	20
	链路聚合	3	10000	18
10G	全双工	2	2000	2
	链路聚合	1	1000	1
40G	全双工	1	500	1
	链路聚合	1	250	1
100G	全双工	1	200	1
	链路聚合	1	100	1

5. 接口ID

交换机中每个接口定义一个ID，接口ID=接口优先级+接口编号。接口优先级取值范围为0~255，默认值是128，接口优先级数值越小，优先级越高，如果接口优先级相同，则接口编号越小，优先级越高。

（二）STP工作过程

形成STP生成树要经过选举一个根桥、在每一个非根网桥选举一个根接口、在每一个网段上选一个指定接口、阻塞非根网桥、阻塞非指定接口等过程。

1. 选举一个根桥

STP中的每个交换机都会有一个BID（桥ID，BID=接口优先级+接口编号），STP生成过程中依据BID选举一个根桥。选举根桥时，首先比较BID优先级，优先级最高的交换机被选举为根桥。优先级相同，则比较MAC地址，MAC地址最小的交换机选举为根桥。华为交换机缺省优先级为32768，在系统视图下可以使用STP priority命令修改优先级的值，取值范围0~61440，并且必须为16的倍数。

交换机启动后自动进行生成树收敛计算。默认情况下，所有交换机启动时都认为自己是根桥，所有接口都为指定接口，这样BPDU（网桥协议数据单元，包含了STP所需的路径和优先级信息，交换机通过交换BPDU信息确定根桥以及到根桥的路径）报文就可以通过所有接口转发。对端交换机收到BPDU报文后，会比较BPDU中根BID和自己的BID。如果收到的BPDU报文中的BID优先级低，接收交换机会继续通告自己的配置

BPDU报文给邻居交换机。如果收到的BPDU报文中的BID优先级高，则交换机会修改自己的BPDU报文的根BID字段，宣告新的根桥。

2. 选举根接口（Root）

每一个非根网桥都有一个根接口，选举根接口的依据是根路径开销。

STP协议把根路径开销作为确定根接口的一个重要依据，到根交换机累计开销最小的接口成为根接口。如果根路径开销一样，比较上行设备的BID，BID优先级高的成为根接口，如果BID一样，比较上行设备的PID（接口ID，PID=接口优先级+接口编号），PID优先级高的成为根接口。

运行STP的交换机，每个接口都有一个PID，PID由接口优先级（接口优先级取值范围是 0~240，优先级值必须是 16 的整数倍。缺省情况下，接口优先级是 128）和接口编号构成。

根接口是指在非根网桥上，到达根桥路径开销最小的接口。接口收到一个BPDU报文后，抽取该BPDU报文中累计根路径开销字段的值，加上该接口本身的路径开销，即为累计根路径开销。如果有两个或两个以上的接口计算得到的累计根路径开销相同，那么选择BPDU报文中BID最小的接口作为根接口。

如果两个或两个以上的接口连接到同一台交换机上，则选择BPDU报文中PID最小的接口作为根接口。如果两个或两个以上的接口通过Hub连接到同一台交换机的同一个接口上，则选择本交换机接口中PID最小的接口作为根接口。

根桥对端接口都是根接口。

3. 选举指定接口（DESI）

指定接口的选举依据是本端BID、本端PID。选举指定接口时，首先比较接口的根路径开销，根路径开销最小的接口就是指定接口。如果根路径开销相同，则比较两个网桥的BID，BID最小的接口被选举为指定接口。如果BID相同，则比较两个接口的PID，PID较小的被选举为指定接口。

每条链路有且只有一个指定接口，根桥所有接口都是指定接口（除非根桥在物理上存在环路）。

4. 阻塞非根、非指定接口（ALTE）

网络收敛后，只有指定接口和根接口可以转发数据，其他接口为预备接口，被阻塞，不能转发数据，并且能够从所连网段的指定交换机接收到BPDU报文，以此来监视链路的状态。

（三）STP接口状态

disabled：禁用状态，不处理不转发BPDU报文，不转发用户流量。

blocking：阻塞状态，接收并处理BPDU，不转发BPDU，不转发用户流量。

listening：侦听状态，转发BPDU，不转发用户流量。

learning：学习状态，可根据收到的用户流量构建MAC地址表，但不转发用户流量。

forwarding：转发状态，既转发BPDU也转发用户流量。

生成树协议工作时，正常情况下，交换机的接口要经过几个工作状态的转变。物理链路接通后，将在blocking状态停留20秒，之后是listening状态15秒，经过15秒learning，最后成为forwarding状态。

（四）STP规则

（1）每一个网段只有一个根桥。

（2）每一个非根桥有且只有一个根接口。

（3）每个链路有且只有一个指定接口。

（4）根桥的所有接口均为指定接口。

（5）根接口和指定接口都是forwading。

（6）阻塞接口为blocking。

（五）生成树协议分类

生成树协议有多种，包括生成树协议（STP）、快速生成树协议（RSTP）、多实例生成树协议（MSTP）等。

STP是基础的数据链路层管理协议，用于二层网络的环路检测和预防。STP的一个限制是拓扑收敛速度慢。

RSTP在STP基础上进行了改进，实现了网络拓扑快速收敛。但在RSTP和STP协议中，局域网内所有的VLAN共享一棵生成树，不能按VLAN阻塞冗余链路，所有VLAN的报文都沿着一棵生成树进行转发。

MSTP是在STP和RSTP的基础上，根据IEEE协会制定的802.1S标准建立的，既可以快速收敛，也能使不同VLAN的流量沿各自的路径转发，从而实现负载均衡。

STP、RSTP、MSTP三种生成树协议比较见表3-6。

表3-6　STP、RSTP、MSTP三种协议比较

生成树协议	特点	应用场景
STP	形成一棵无环路的生成树，解决广播风暴并实现冗余备份。收敛速度较慢	无须区分用户或业务流量，所有VLAN共享一棵生成树
RSTP	形成一棵无环路的生成树，解决广播风暴并实现冗余备份。收敛速度快	无须区分用户或业务流量，所有VLAN共享一棵生成树
MSTP	形成多棵无环路的生成树，解决广播风暴并实现冗余备份。收敛速度快。多棵生成树在VLAN间实现负载均衡，不同VLAN的流量按照不同的路径转发	需要区分用户或业务流量，并实现负载分担。不同的VLAN通过不同的生成树转发流量，每棵生成树之间相互独立

（六）图解STP形成过程

STP生成过程如下：

1. 选举根桥BID

选举根桥首先比较优先级，如图3-46所示3个交换机的优先级都是32768，优先级相同，再比较MAC地址，谁的MAC地址小，谁越优先。通过比较，交换机SW-2的MAC地址最小，则SW-2的BID最小，被选举为根桥如图3-47所示。

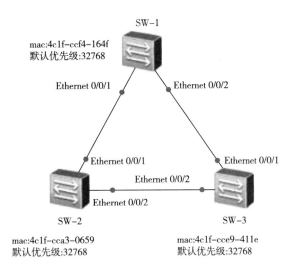

图3-46　图解STP网络拓扑

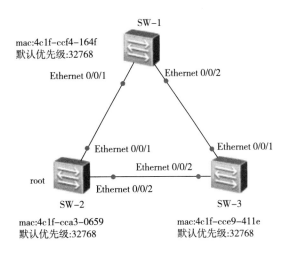

图3-47　选举根桥

2. 选举根接口

与根桥直连的对端接口都是根接口，SW-1的Ethernet0/0/1、SW-3的Ethernet0/0/2

都是根接口，用RP表示如图3-48所示。

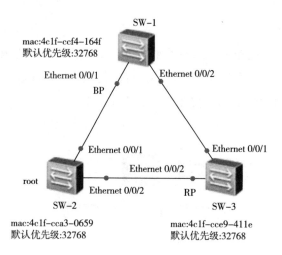

图3-48　选举根接口

3. 每一网段上选举一个指定接口（DESI）

根桥的所有接口都是指定接口，即SW-2的Ethernet0/0/1和Ethernet0/0/2接口都是指定接口，用DP表示。在SW-1-SW-3网段中，SW-1的Ethernet0/0/2接口和SW-3的Ethernet0/0/1接口的根路径开销相同，比较BID，交换机SW-3的BID较小，因此SW-3的Ethernet0/0/1接口为指定接口，用DP表示如图3-49所示。

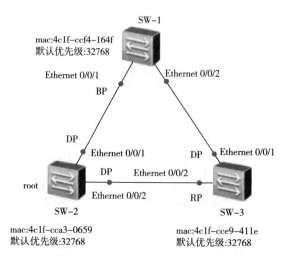

图3-49　选举指定接口

4. 确定阻塞接口

根接口、指定接口之外的其他接口都是阻塞接口，SW-1的Ethernet0/0/2为阻塞接口，如图3-50所示。

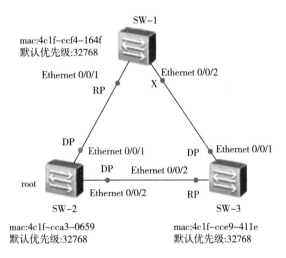

mac:4c1f-ccf4-164f
默认优先级:32768

SW-1

Ethernet 0/0/1
RP

X

Ethernet 0/0/2

DP

Ethernet 0/0/1

DP

Ethernet 0/0/1

root

DP

Ethernet 0/0/2

Ethernet 0/0/2

RP

SW-2

SW-3

mac:4c1f-cca3-0659
默认优先级:32768

mac:4c1f-cce9-411e
默认优先级:32768

图3-50　确定阻塞接口

5. 验证

```
[SW-1]disp stp brief
MSTID  Port         Role                STP State              Protection
0   Ethernet0/0/1   ROOT(根接口)        FORWARDING(转发)       NONE
0   Ethernet0/0/2   ALTE(替代接口)      DISCARDING(阻塞)       NONE


[SW-2]disp stp brief
MSTID  Port         Role                STP State              Protection
0   Ethernet0/0/1   DESI(指定接口)      FORWARDING             NONE
0   Ethernet0/0/2   DESI(指定接口)      FORWARDING             NONE


[SW-3]disp stp brief
MSTID  Port         Role                STP State              Protection
0   Ethernet0/0/1   DESI(指定接口)      FORWARDING             NONE
0   Ethernet0/0/2   ROOT(根接口)        FORWARDING             NONE
```

四、任务实施

（一）配置STP协议

（1）分别在两个交换机上配置STP协议。

\<Huawei\>sys

[Huawei]sysname SW-A

[SW-A]stp mode stp　//配置STP协议

\<Huawei\>sys

[Huawei]sysname SW-B

[SW–B]stp mode stp

（2）验证。

```
[SW-A]disp stp brief
MSTID  Port          Role     STP State        Protection
0  Ethernet0/0/1     DESI     FORWARDING       NONE
0  Ethernet0/0/2     DESI     FORWARDING       NONE
0  Ethernet0/0/3     DESI     FORWARDING       NONE

[SW-B]disp stp brief
MSTID  Port          Role     STP State        Protection
0  Ethernet0/0/1     ROOT     FORWARDING       NONE
0  Ethernet0/0/2     ALTE     DISCARDING       NONE
0  Ethernet0/0/3     DESI     FORWARDING       NONE
```

（二）配置RSTP协议

（1）在交换机配置RSTP协议。

[SW–A]stp mode rstp　　//在SW–A配置RSTP协议。

[SW–B]stp mode rstp　　　　//在SW–B配置RSTP协议。

（2）验证。

```
[SW-A]disp stp | include RSTP    //显示包含 RSTP 关键字的信息
-------[CIST Global Info][Mode RSTP]-------
Port  STP Mode    :RSTP    //接口 STP 模式为 RSTP
Port  STP Mode    :RSTP
Port  STP Mode    :RSTP
```

五、知识拓展

（一）边缘端口

在华为交换机中，如果某个指定端口位于整个网络边缘，与终端设备直连，而不再与其他交换设备连接，这种端口称为边缘端口。

在STP算法中，与终端设备直连的端口不需要参与STP计算，否则将减缓STP收敛速度，为此，可以把与终端设备直连的端口配置为边缘端口。

边缘端口配置方法如下：

在端口模式下，使用命令stp edge–port enable将当前端口配置为边缘端口，并使用使命stp bpdu–filter enable启用BPDU报文过滤功能，使端口不再发送BPDU报文。

（二）MSTP

STP/RSTP可阻塞二层网络中的冗余链路，将网络修剪成树状，解决交换网络中的环路问题。但在STP和RSTP中，局域网内所有的VLAN共享一棵生成树，无法在VLAN

间实现数据流量的负载均衡，被阻塞的链路将不承载任何流量，导致带宽浪费，还可能造成部分VLAN的报文无法转发及次优路径问题（如图3-51所示）。

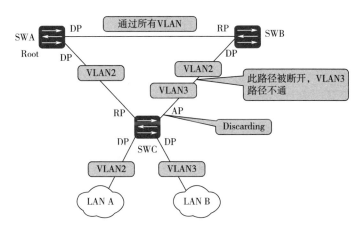

图3-51　STP/RSTP流量转发路径示意图

为了弥补STP和RSTP的缺陷，IEEE于2002年发布的802.1s标准定义了MSTP。MSTP兼容STP和RSTP，既可以实现快速收敛，又提供了数据转发的多个冗余路径，在数据转发过程中实现VLAN数据的负载均衡。

多生成树（MST）是快速生成树（RST）算法扩展而得到的，通过VLAN实例映射表，把VLAN和生成树关联起来，将多个VLAN捆绑到一个实例中，以实例为基础实现负载均衡。

MSTP把一个交换网络划分成多个域，每个域内形成多棵生成树，生成树之间彼此独立。每棵生成树叫做一个多生成树实例MSTI（Multiple Spanning Tree Instance），每个域叫做一个MST域（MST Region）。

1. MSTP基本概念

（1）MST域。MST域由交换网络中的多台交换设备以及它们之间的网络所构成。这些设备具有相同的域名，相同的VLAN映射、相同的MSTP修订级别，并都启动了MSTP。

一个局域网可以存在多个MST域，各MST域之间在物理上直接或间接相连。用户可以通过MSTP配置命令把多台交换设备划分在同一个MST域内。MST域如图3-52所示。

（2）MSTI生成树实例。一个MST域内可以生成多棵生成树，每棵生成树都称为一个MSTI，每个MSTI都使用单独的RSTP算法，计算单独的生成树。

每个MSTI都有一个标识（MSTID），MSTID是一个两字节的整数。VRP（Virtual Reality Platform，虚拟现实平台）支持16个MSTI，MSTID取值范围是0~15，默认所有VLAN映射到MST Instance 0。

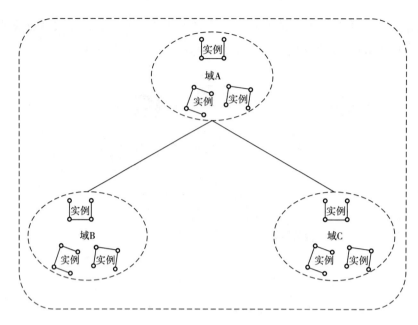

图3-52　MSTP网络逻辑拓扑

（3）VLAN映射表。VLAN映射表描述了VLAN和MSTI之间的映射关系，MSTI可以与一个或多个VLAN对应，但一个VLAN只能与一个MSTI对应。

（4）MSTI域根。MSTI域根是每一个生成树实例的树根，域中不同MSTI有各自的域根。

域与MSTI生成树实例见图3-53。

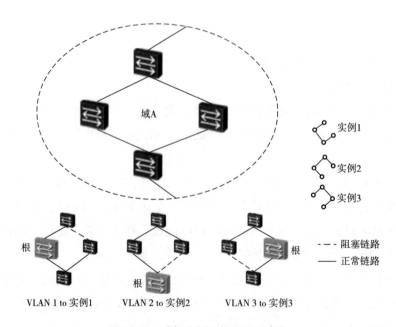

图3-53　域与实例逻辑关系示意图

（5）MSTP修订级别。MSTP的修订级别用来与MST域名和VLAN映射表共同确定设备所属的MST域，也就是说，修订级别、域名和VLAN映射表共同确定设备是否属于相同的域。修订级别可以在域名和VLAN映射表相同的情况下，区分不同的域。同一个MST域的设备应配置相同的修订级别。

2. MSTP的特点

（1）MSTP设置VLAN实例映射表（即VLAN和生成树的对应关系表），通过"实例"将多个VLAN捆绑到一个实例中，以节省通信开销和资源占用。

（2）MSTP把一个交换网络划分成多个域，每个域内形成多棵生成树，生成树之间彼此独立。

（3）MSTP将环路网络修剪成为一个无环的树型网络，避免报文在环路网络中增生和无限循环，同时实现数据转发冗余及VLAN数据负载均衡。

（4）MSTP兼容STP和RSTP。

3. MSTP流量转发路径

如图3-54所示，VLAN2映射到Instance1，VLAN3、VLAN4映射到Instance2，Instance1的根交换机为SWA，Instance2的根交换机为SWB。VLAN2的数据流按照左侧虚线转发，VLAN3、VLAN4的数据流按照右侧虚线转发，从而实现流量负责均衡。

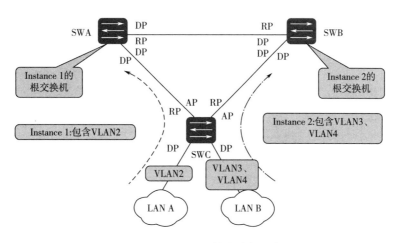

图3-54 MSTP流量转发路径示意图

为实现链路冗余，可设Instance1的主根为SWA，次根为SWB，当SWC-SWA间链路断开时，VLAN2的数据经SWB转发到SWA，实现了链路冗余。同理，为防止VLAN3、VLAN4数据冗余转发，可设Instance2的主根为SWB，次根为SWA。

4. MSTP配置步骤

1）把端口加入到VLAN

2）启动MSTP   // stp mode mstp

3）进入域视图 // stp region-configuration

4）配置MST域的域名   // region-name *name*

5）配置MST域的修订级别 //revision-level level

6）配置VLAN映射表//instance instance-id VLAN { VLAN-id1 [to VLAN-id2] }&<1-10>

7）激活域配置   // active region-configuration

8）指定实例主根及次根

5. MSTP配置实例

如图 3-55 所示。配置要求：PC1、PC3 加入 VLAN10，PC2、PC4 加入VLAN20，instance1 关联VLAN10，交换机SW-1是instance1 的主根，instance2 的次根，instance2 关联VLAN20，交换机SW-2是instance1 的次根，是instance2 的主根。在所有交换机创建VLAN10、VLAN20，交换机间配置Trunk链路，配置SW-1 的VLANif10:192.168.10.1/24，作为PC1、PC3 网关，配置SW-2 的VLANif20:192.168.20.1/24，作为PC2、PC4 网关。请根据配置要求及图3-55所示网络拓扑完成MSTP配置。

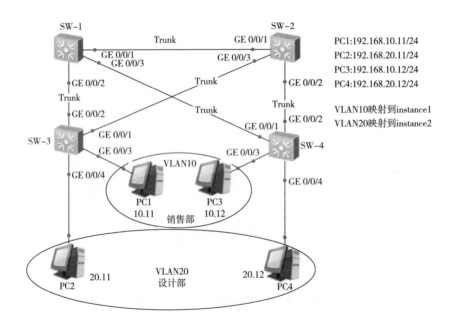

图3-55 MSTP配置实例网络拓扑

配置过程：

（1）配置PC。

（2）划分VLAN，把端口加入VLAN 。

（3）在交换机间配置Trunk。

（4）在交换机上开启MSTP，配置域名和修订级别。

[SW−1]stp mode mstp　// 开启MSTP

[SW−1]stp region−configuration　// 进入域视图

[SW−1−mst−region]region−name test　// 配置域名为test

[SW−1−mst−region]revision−level 1　// 配置域修订等级为1

[SW−1−mst−region]quit

[SW−1]

SW−2、SW−3、SW−4配置同SW−1

（5）创建VLAN映射表，在交换机上创建instance1、instance2，instance1 关联 VLAN10，instance2关联VLAN20。

[SW−1−mst−region]instance 1 VLAN 10　　　// 创建instane1，并关联VLAN10

[SW−1−mst−region]instance 2 VLAN 20　　　// 创建instane2，并关联VLAN20

SW−2、SW−3、SW−4配置同SW−1

（6）激活域配置。

[SW−1−mst−region]active region−configuration

SW−2、SW−3、SW−4配置同SW−1

（7）配置instance1 的主根为SW−1，次根为SW−2，instance2 的主根为SW−2，次根 为SW−1。

[SW−1]stp instance 1 root primary　　　// 配置SW−1为instance 1的主根

[SW−1]stp instance 2 root secondary　　// 配置SW−1为instance 2的次根

[SW−2]stp instance 2 root primary　　　// 配置SW−2为instance 2的主根

[SW−2]stp instance 1 root secondary　　// 配置SW−2为instance 1的次根

（8）验证。

[SW−1]disp stp region−configuration // 查看MSTP的配置信息

```
                    Oper configuration
                    Format selector  :0
                    Region name     :test
                    Revision level   :1
                    Instance   VLANs Mapped
                       0       1 to 9, 11 to 19, 21 to 4094
                       1       10
                       2       20
```

👆 **习题强化**

1. 在如图 3−56 所示的网络拓扑中存在环路问题，请你利用STP配置解决该网络环路问题，并将与PC直接相连的端口设置为边缘端口，指定SW−A为根桥。

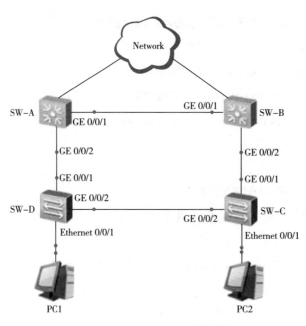

图3-56　STP配置网络拓扑

2. 当前网络有三台交换机，两台终端PC，交换机开启MSTP协议，区域名称为HUAWEI，修订版本级别为1。分别建立instance1 和instance2，VLAN10 映射到instance1，VLAN20 映射到instance2，instance1 的根网桥在SW1 上，instance2 的根网桥在SW2 上。路由器的接口IP为VLAN10 的网关，利用路由器实现VLAN10 和VLAN20 的互访，并且VLAN10 的流量通过路径SW3 → SW1 → R1 到达网关，VLAN20 的流量通过路径SW3 → SW2 → R1 到达网关，网络拓扑如图3-57所示。请根据要求及网络拓扑完成相关配置。

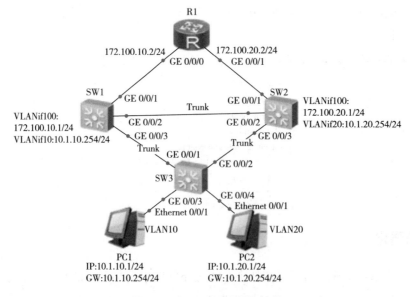

图3-57　MSTP配置网络拓扑

任务 7　VRRP 配置

一、任务描述

某公司为了保障本单位网络传输不中断，正常情况下，主机以SW-A为默认网关接入外网，当SW-A出现故障时，SW-B接替网关继续工作，当SW-A故障恢复后，可以重新成为网关。请你应用VRRP（Virtual Router Redundancy Protocol，虚拟路由器冗余协议）技术实现公司要求。网络拓扑如图3-58所示。

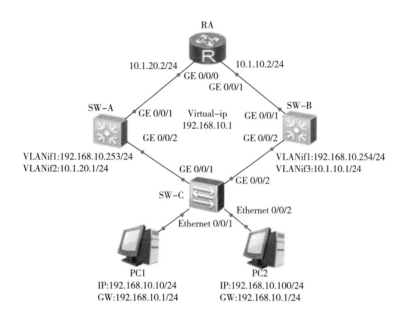

图3-58　VRRP配置实例网络拓扑

二、任务分析

根据公司要求，需要创建VRRP组，设置主路由器（Master路由器）和备份路由器（Backup路由器），实现网关备份。根据网络拓扑图，VRRP组包含SW-A、SW-B两台三层交换机，其中，SW-A作为虚拟路由器的Master路由器，SW-B作为Backup路由器。由于SW-A、SW-B是三层交换机，网络规划中没有划分VLAN，则需要在SW-A、SW-B配置默认VLAN即VLAN1的管理IP作为VRRP路由器的IP地址，虚拟路由器IP地址为192.168.10.1/24。路由器RA是外网路由器，需要在SW-A、SW-B配置VLAN2、VLAN3，并通过其管理IP实现与外网通信。配置Master路由器抢占延时时间为20秒，当Master路由器故障恢复后20秒，重新成为网关。

三、相关知识

（一）VRRP概述

在网络规划中，经常应用三层交换机虚拟接口作为主机网关，如图3-59所示。这种网络规划属于单网关配置，当网关出现故障时，与其相连的主机将与外界失去联系，导致业务中断。

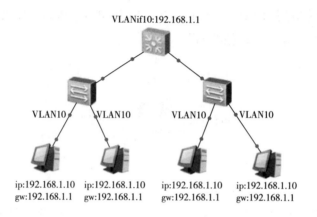

图3-59　SVI网关

解决单网关最有效的方式是在网关设备上配置VRRP，通过部署多网关的方式实现网关备份。VRRP原理如图3-60所示。

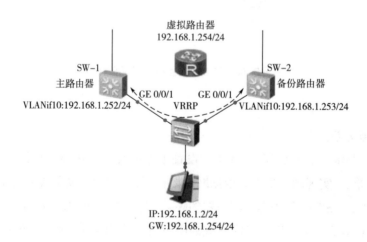

图3-60　VRRP原理示意图

通常，主机与其他网段的主机通信时，主机发出的报文将通过网关进行转发，从而实现主机与外部网络的通信。为防止网关down影响通信，VRRP在不改变组网的情况下，将多台路由设备（路由器或三层交换机）组成一个虚拟路由器，以虚拟路由器的IP地址作为网关，实现网关的备份。当虚拟路由器的主路由设备发生故障时，

VRRP机制能够从多台路由设备中选举新的网关设备承担数据转发，从而保障网络可靠通信。

（二）VRRP基本概念

（1）VRRP路由器：指运行VRRP协议的路由设备，是物理实体。

（2）虚拟路由器：指VRRP协议创建的VRRP路由器组，是逻辑概念。一组VRRP路由器协同工作，共同构成一台虚拟路由器。该虚拟路由器对外表现为一个具有唯一固定IP地址和MAC地址的逻辑路由器。处于同一个VRRP组中的路由器分为主路由器和备份路由器，一个VRRP组中有且只有一台主路由器，可以有一个或者多个备份路由器。

（3）主路由器：在虚拟路由器中承担转发报文任务的VRRP设备。当主路由器发生故障时，其中的一台备份路由器能在瞬间时延后升级为主路由器，由于切换非常迅速而且不用改变IP地址和MAC地址，对终端使用者系统是透明的。

（4）备份路由器：是一组没有承担转发任务的VRRP设备，当主路由设备出现故障时，它们将通过竞选成为新的主路由设备。

（5）VRID：是虚拟路由器的标识，依此区分同一广播域内的不同虚拟路由器，取值范围为1~255。

（6）虚拟MAC地址：是虚拟路由器根据虚拟路由器ID生成的MAC地址，当虚拟路由器回应ARP请求时，使用虚拟MAC地址，而不是接口的真实MAC地址。

（7）虚拟IP地址：是虚拟路由器的IP地址，一个虚拟路由器可以有一个或多个IP地址，由用户配置。

（三）VRRP工作机制

（1）选举Master路由器。虚拟路由器中的路由器根据优先级选举出Master路由器。缺省情况下，Master路由器每隔120秒发送一次免费ARP报文。Master路由器通过发送免费ARP报文，将自己的虚拟MAC地址通知给与它连接的设备或者主机，从而承担报文转发任务。

（2）Master路由器周期性公布配置及工作状况。Master路由器周期性发送VRRP报文，以公布其配置信息（优先级等）和工作状况。

（3）重新选举Master路由器。如果Master路由器出现故障，虚拟路由器中Backup路由器将根据优先级重新选举新的Master路由器。如果Backup路由器的优先级高于Master路由器时，根据Backup路由器的工作方式（抢占方式和非抢占方式）决定是否重新选举Master路由器。在抢占模式下，如果Backup路由器的优先级比当前Master路由器的优先级高，则主动将自己切换成Master路由器，在非抢占模式下，只要Master路由器没有出现故障，Backup路由器即使随后被配置了更高的优先级也不会成为Master路由器。

（4）Master路由器切换。VRRP备份组状态切换时，Master路由器由一台设备切换为另外一台设备，新的Master路由器会立即发送携带虚拟路由器的虚拟MAC地址和虚拟IP地址信息的免费ARP报文，刷新与它连接的主机或设备中的MAC表项，从而把用户流量引到新的Master路由器上来，网络中的主机感知不到Master路由器的切换。

（四）VRRP配置步骤

（1）配置各设备接口IP地址及路由协议，保证全网互通。

（2）配置VRRP备份组（在VRRP路由器配置VRRP协议，创建VRRP备份组）。

配置示例：vrrp vrid 1 virtual-ip 10.1.1.1 //在三层交换机VLAN接口或路由器接口视图下，配置虚拟路由器标识号为1，虚拟路由器IP：10.1.1.1

（3）配置优先级，指定Master设备和备份设备。

配置示例：vrrp vrid 1 priority 120 //设置当前设备优先级为120

（4）配置抢占延时时间。

配置示例：vrrp vrid 1 preempt-mode timer delay 20 //配置抢占延时时间为20秒

四、任务实施

（1）配置PC。

（2）配置VLAN及IP。

（3）配置路由器RA及SW-1、SW-2路由，实现网络通信。

[SW-A]ip route-static 0.0.0.0 0 10.1.20.2

[SW-B]ip route-static 0.0.0.0 0 10.1.10.2

[RA]ip route-static 0.0.0.0 0 10.1.20.1

[RA]ip route-static 0.0.0.0 0 10.1.10.1

（4）在SW-1配置VRRP，设置优先级及抢占延时。

[SW-A]interface VLAN 1

[SW-A-VLANif1]vrrp vrid 1 virtual-ip 192.168.10.1 //配置虚拟路由器IP

[SW-A-VLANif1]vrrp vrid 1 priority 120 //配置SW-A的VLANif1接口优先级

[SW-A-VLANif1]vrrp vrid 1 preempt-mode timer delay 20 //配置抢占延时

[SW-A-VLANif1]

（5）在SW-2配置VRRP，优先级为默认值，抢占方式为立即抢占。

[SW-B]inter VLAN 1

[SW-B-VLANif1]vrrp vrid 1 virtual-ip 192.168.10.1

[SW-B-VLANif1] vrrp vrid 1 preempt-mode timer delay 0 //延时时间为0，表示立即抢占

（6）查看配置结果。

```
[SW-A]disp vrrp 1                                    [SW-B]disp vrrp 1
Vlanif1 | Virtual Router 1                           Vlanif1 | Virtual Router 1
  State : Master //状态：主路由器                        State : Backup //状态：备份路由器
  Virtual IP : 192.168.10.1 //虚拟 Ip                   Virtual IP : 192.168.10.1
  Master IP : 192.168.10.253 //主路由器 ip              Master IP : 192.168.10.253
  PriorityRun : 120 //当前运行优先级 120                 PriorityRun : 100 //当前运行优先级 100
  PriorityConfig : 120                               PriorityConfig : 100
  MasterPriority : 120 //主路由器优先级 120             MasterPriority : 120
  Preempt : YES  Delay Time : 20 s //抢占方式，延时 20s   Preempt : YES  Delay Time : 0 s //不抢占
  TimerRun : 1 s                                     TimerRun : 1 s
  TimerConfig : 1 s                                  TimerConfig : 1 s
  Auth type : NONE //无认证                            Auth type : NONE
  Virtual MAC : 0000-5e00-0101//虚拟路由器 MAC          Virtual MAC : 0000-5e00-0101
  Check TTL : YES                                    Check TTL : YES
  Config type : normal-vrrp                          Config type : normal-vrrp
  Create time : 2023-01-10 16:45:56 UTC+08:00        Create time : 2023-01-10 16:47:38 UTC+08:00
  Last change time : 2023-01-10 16:46:00 UTC-08:00   Last change time : 2023-01-10 16:47:38 UTC-08:00
```

五、知识拓展

（一）VRRP路由器优先级与抢占功能

VRRP冗余备份方案的一个重要方面是VRRP路由器的优先级和抢占功能，优先级和抢占功能决定了一个VRRP路由器是Master还是Backup，以及当虚拟路由器Master发生故障时及排除故障时的处理方式。

VRRP优先级是指设备在VRRP组的优先级，在抢占模式下用来确定虚拟路由器中每台设备的角色（Master路由器或Backup路由器）。优先级越高，则越有可能成为Master路由器。

VRRP优先级的取值范围为 0 ~ 255，缺省值优先级是 100，数值越大优先级越高，优先级 0 表示不参与Master选举，主备切换时，主路由器发给备份路由器的报文中优先级会设置为0，让备份路由器切换为主路由器，255 则表示虚拟地址拥有者直接为Master路由器。虚拟地址拥有者是指物理IP地址与虚拟路由器的IP地址相同的设备，只要其工作正常，则为Master路由器。

VRRP路由器的工作方式有抢占模式和非抢占模式两种。

（1）抢占模式。在抢占模式下，如果Backup路由器的优先级比当前Master路由器的优先级高，则主动将自己切换成Master路由器。

抢占模式配置命令：vrrp vrid *virtual-router-id* preempt-mode timer delay *delay-value*

缺省情况下，设备为抢占模式，抢占延迟时间为 0，即立即抢占。立即抢占模式下，Backup路由器一旦发现自己的优先级比当前的Master路由器的优先级高，就会抢占成为Master路由器。

（2）非抢占模式。在非抢占模式下，只要Master路由器没有出现故障，Backup路由器即使随后被配置了更高的优先级也不会成为Master路由器。

非抢占模式配置命令：vrrp vrid *virtual-router-id* preempt-mode disable

（二）VRRP报文认证

在VRRP组中，Master路由器通过定期发送VRRP通告报文，告知下游设备和Backup路由器自己的状态正常，但报文在传输过程中可能会遭到伪造攻击。为提高网络安全性，用户可以配置VRRP报文认证。

VRRPv2支持在通告报文中设定不同的认证方式和认证字。

（1）无认证方式：设备对要发送的VRRP通告报文不进行任何认证处理，收到通告报文的设备也不进行任何认证，认为收到的都是真实的、合法的VRRP报文。

（2）简单字符认证方式：发送VRRP通告报文的设备将认证方式和认证字填充到通告报文中，而收到通告报文的设备则会将报文中的认证方式和认证字与本端配置的认证方式和认证字进行匹配。如果匹配，则认为接收到的报文是合法的VRRP通告报文；否则认为接收到的报文是一个非法报文，并丢弃这个报文。

（3）MD5认证方式：发送VRRP通告报文的设备利用MD5算法对认证字进行加密，加密后保存在Authentication Data字段中。收到通告报文的设备会对报文中的认证方式和解密后的认证字进行匹配，检查该报文的合法性。

配置命令：vrrp vrid *vrid* authentication-mode { simple { key | plain key | cipher cipher-key } | md5 md5-key }

缺省情况下，VRRP备份组采用无认证方式。同一VRRP备份组配置的认证方式和认证字必须相同，否则Master设备和Backup设备无法协商成功。

（三）VRRP版本

VRRP包含VRRPv2和VRRPv3两个版本，VRRPv2仅适用于IPv4网络，VRRPv3适用于IPv4和IPv6两种网络。VRRPv2支持认证功能，而VRRPv3不支持认证功能。

习题强化

1. 在如图3-61所示的网络拓扑中，SW-A、SW-B组成VRRP组，SW-A为VRRP组的主设备，SW-B为VRRP组的备份设备，虚拟路由器IP:192.168.100.254，设置主设备为抢占模式，抢占延时时间20秒，当主设备出现故障后，备份设备立即抢占为主设备。主机均处于VLAN10。请你根据要求完成相关配置。

2. 如图3-62所示网络拓扑。PC1、PC2通过SW-1、SW-2连接外网。用户希望PC1以SW-1为默认网关接入外网，SW-2作为备份网关；PC2以SW-2为默认网关接入外网，SW-1作为备份网关，以实现流量负载均衡。请根据要求完成VRRP配置。

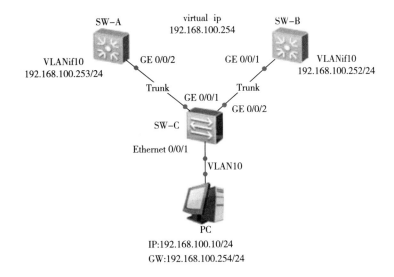

图 3-61　VRRP 配置网络拓扑

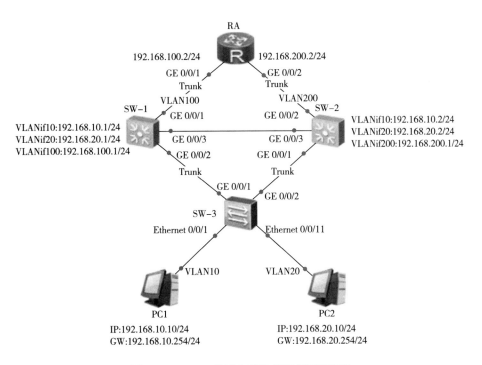

图 3-62　VRRP 流量负载均衡配置网络拓扑

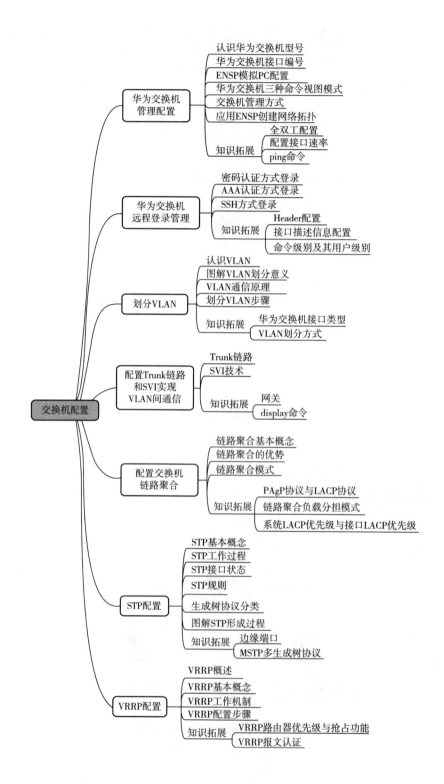

项目知识结构

项目4 路由器配置

路由器是连接局域网和广域网的重要网络设备，能够根据信道的情况自动选择和设定路由，以最佳路径，按前后顺序发送信号，实现不同网络间的通信。路由器是网络互联的枢纽，广泛应用于各种骨干网内部连接、骨干网间互联和骨干网与互联网互联互通业务。路由器和交换机之间的主要区别是交换机发生在数据链路层，而路由器发生在网络层，交换机主要应用于连接内网，路由器主要应用于连接外网。在本项目中，我们将学习路由器的配置。

项目分析

在网络规划与设计中，路由器是连接外网的重要设备，局域网与局域网之间、局域网与广域网以及广域网与广域网之间的互连都是通过路由器实现的。熟练掌握静态路由配置、动态路由配置、路由器网关配置和路由器DHCP服务器配置是一名网管人员或网络工程师必备的重要技能。

知识目标

- 理解什么是路由。
- 掌握静态路由与动态路由配置方法。
- 掌握RIP、OSPF动态路由配置步骤。
- 掌握路由器网关、DHCP配置方法。

能力目标

- 学会静态路由与默认路由配置。
- 能够熟练配置RIP、OSPF路由协议。
- 能够理解与配置单臂路由。

- 学会路由器DHCP配置。
- 能够分析、查找配置错误。

素养目标

- 提高学生动手操作能力。
- 培养学生团队合作精神。
- 注重理论学习，以理论指导实验实训。
- 提高学生抽象思维能力。

任务1　静态路由配置

一、任务描述

请根据图4-1所示网络拓扑完成静态路由配置，实现主机间通信。

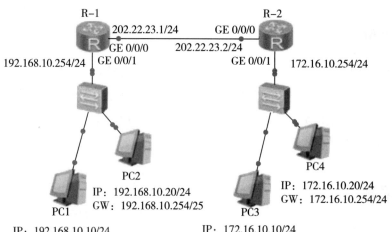

图4-1　静态配置实例网络拓扑

二、任务分析

如图 4-1 所示，网络拓扑中，PC1 与 PC2 属于同一网段，PC3 与 PC4 属于同一网段，两路由器间接点IP属于网段 202.22.23.0/24，R-1 的直连网段是 202.22.23.0/24 及 192.168.10.0/24，R-2 的直连网段是 202.22.23.0/24 及 172.16.10.0/24，直连网段不必配置路由，只需配置R-1 路由器到达 172.16.10.0/24 网段及R-2 路由器到达 192.168.10.0/24 网段的静态路由即可。路由器R-1 到达网段 172.10.10.0/24 网段的下一跳是 202.22.23.2，或出接口为路由器R-1 的GE0/0/0 接口，路由器R-2 到达网段 192.168.10.0/24 网段的下一跳是202.22.23.1，或出接口是路由器R-2 的GE0/0/0 接口。

三、相关知识

（一）路由的概念

路由是指路由设备收到数据包后，通过查找路由信息进行数据转发的过程，路由可以将一个网段的数据包转发到另一个网段。三层交换机和路由器是最常见的具有路由功能的网络设备。路由器工作在OSI/RM参考模型第三层，通过转发数据包来实现网络互连。

华为AR2204路由器外观及接口如图4-2所示。

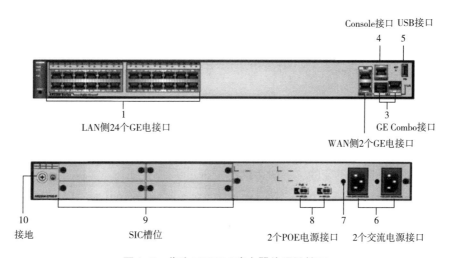

图4-2　华为AR2204 路由器外观及接口

路由器的主要工作是为经过路由器的每个数据包寻找一条最佳的传输路径，并将该数据有效地传送到目的站点。为了找到最佳传输路径，在路由器中保存着各种传输路径的相关数据——路由表（如图 4-3 所示），供路由选择时使用，表中包含的信息决定了数据转发路径。

（二）路由分类

根据路由信息产生的方式和特点，路由分为直连路由、静态路由、缺省路由和动态路由。

（1）直连路由：是指直接连接网段的路由，路由器启动时可直接得到的路由网段。直连路由是由链路层发现的，其优点是自动发现，开销小；缺点是只能发现本接口所属网段。

直连路由会随接口的状态变化在路由表中自动变化，当接口的物理层与数据链路层状态正常时，此直连路由会自动出现在路由表中，当路由器检测到此接口状态变为不可用后，此条路由会自动消失。

```
[2007]display ip routing-table
Route Flags: R - relay, D - download to fib
------------------------------------------------------------------
Routing Tables: Public
         Destinations : 10        Routes : 19

Destination/Mask    Proto  Pre  Cost     Flags NextHop          Interface

        127.0.0.0/8   Direct  0    0        D    127.0.0.1        InLoopBack0
        127.0.0.1/32  Direct  0    0        D    127.0.0.1        InLoopBack0
  127.255.255.255/32  Direct  0    0        D    127.0.0.1        InLoopBack0
    192.168.10.0/24   OSPF    10   2        D    192.168.40.254   GigabitEthernet0/0/0
                      OSPF    10   2        D    192.168.40.4     GigabitEthernet0/0/0
                      OSPF    10   2        D    192.168.40.2     GigabitEthernet0/0/0
                      OSPF    10   2        D    192.168.40.5     GigabitEthernet0/0/0
    192.168.20.0/24   OSPF    10   2        D    192.168.40.254   GigabitEthernet0/0/0
                      OSPF    10   2        D    192.168.40.4     GigabitEthernet0/0/0
                      OSPF    10   2        D    192.168.40.2     GigabitEthernet0/0/0
                      OSPF    10   2        D    192.168.40.5     GigabitEthernet0/0/0
    192.168.30.0/24   OSPF    10   2        D    192.168.40.254   GigabitEthernet0/0/0
                      OSPF    10   2        D    192.168.40.4     GigabitEthernet0/0/0
                      OSPF    10   2        D    192.168.40.2     GigabitEthernet0/0/0
                      OSPF    10   2        D    192.168.40.5     GigabitEthernet0/0/0
    192.168.40.0/24   Direct  0    0        D    192.168.40.1     GigabitEthernet0/0/0
    192.168.40.1/32   Direct  0    0        D    127.0.0.1        GigabitEthernet0/0/0
  192.168.40.255/32   Direct  0    0        D    127.0.0.1        GigabitEthernet0/0/0
  255.255.255.255/32  Direct  0    0        D    127.0.0.1        InLoopBack0
```

图4-3　路由表

（2）静态路由是一种路由方式，路由项由手动配置，而非动态决定。与动态路由不同，静态路由是固定不变的，一般由网络管理员手工设置。

配置示例：[R1]ip route-static 192.168.10.0 255.255.255.0 10.0.0.2

静态路由优点是：不会产生更新流量，不占用网络带宽，占用CPU处理时间少，便于管理员了解路由，易于配置。静态路由适用于中小型网络。

静态路由缺点是：当网络发生变化或网络发生故障时，不能重选路由，不能随着网络的扩展而动态变化，配置和维护耗费时间。

（3）缺省路由：缺省路由是一种特殊的静态路由，指的是当路由表中没有与目的地址匹配的路由表项时路由器所选择的路由。如果没有缺省路由，目的地址在路由表中没有匹配表项时，数据包将被丢弃。

配置示例：[R1]ip route-static 0.0.0.0 0.0.0.0 10.0.0.2

缺省路由优点是：可以极大减少路由表条目。

缺省路由缺点是：一旦配置不正确可能导致路由环路或产生次优路由。

（4）动态路由：动态路由是路由器之间互相传递路由信息，利用收到的路由信息更新路由表的过程。如果网络路由发生变化，路由器会重新计算路由，并向相邻路由器发送路由更新信息，更新信息通过各个网络，引起各路由器重新启动其路由算法，更新各自的路由表。

动态路由优点是：可以自动适应网络状态的变化；能够自动维护路由信息。

　　动态路由缺点是：需要相互交换路由信息，占用网络带宽与系统资源；安全性不如静态路由。

　　动态路由是基于路由协议实现的，路由协议定义了路由器在与其他路由器通信时的规则。也就是说，路由协议规定了路由器是如何学习路由，用什么标准选择路由以及维护路由信息等。常见的路由协议分为距离矢量路由协议和链路状态路由协议。

　　距离矢量路由协议依据从源网络到目标网络所经过的路由器个数来选择路由，使用跳数作为度量值。典型的协议如RIP（Routing Information Protocol，路由信息协议）和IGRP（Internal Gateway Routing Protocol，内部网关路由协议）。

　　链路状态路由协议则是综合从源网络到目标网络的带宽、延迟等指标综合得到一个度量值，再根据度量值确定最佳路由的方法。典型的协议如OSPF和IS-IS。

（三）数据包路由过程

　　（1）路由器的某一个接口接收到一个数据包时，判断该包的目的地址在当前的路由表中是否存在。

　　（2）如果发现目标地址与本路由器某个接口直连的网络地址相同，就把数据转发到该接口。

　　（3）如果发现目标地址不是自己的直连网段，路由器会继续查看自己的路由表，查找包的目的网络所对应的接口，并从相应的接口转发出去。

　　（4）如果路由表中没有目标地址匹配表项，则把数据送到默认路由指定的接口进行转发，如果没有配置默认路由，则返回目标地址不可达的ICMP信息，丢弃数据包。

　　图解HostA向HostB发送数据包的路由过程，如图4-4所示。

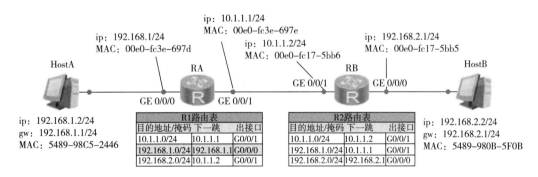

图4-4　数据包路由过程示意图

　　（1）HostA在网络层将来自上层的报文封装成IP数据包，其中源IP地址是192.168.1.2，目标IP地址是HostB的地址192.168.2.2。HostA用本机配置的子网掩码与目标地址进行"与"运算，得出目标地址与本机不在同一网段，因此发送HostB的数据包需要经过路由器RA转发。

（2）Host A通过ARP广播得到路由器RA的GE0/0/0接口的MAC地址（00e0-fc3e-697d），以路由器RA的g0/0/0接口MAC地址作为目标MAC地址，以Host A的MAC地址（5489-98C5-2446）作为源MAC地址，将数据包封装成数据帧发送给路由器RA。

（3）路由器RA从g0/0/0接口收到数据包，检查路由表中是否有目标IP地址网段（即192.168.2.2的网段）相匹配的项，找到目标网段192.168.2.0对应的下一跳地址10.1.1.2，于是数据被转发到路由器RA的g0/0/1接口，并从路由器RA的g0/0/1接口发送给路由器RB。

（4）路由器RB从g0/0/1接口接收到数据包，同样对目标IP地址进行检测，并与路由表项进行匹配，此时发现目标地址的网段正好是自己的gE0/0/0接口的直连网段，路由器RB将数据转发至g0/0/0接口。

（5）路由器RB通过ARP广播获知HostB的MAC地址5489-980B-5f0B，数据包在路由器RB的g0/0/0接口再次封装，源MAC地址是路由器RB的g0/0/0接口的MAC地址00e0-fc17-5bb5，目标MAC地址是HostB的MAC地址。封装完成后直接从路由器的g0/0/0接口发送给HostB。

（6）至此，HostB收到来自HostA发送的数据。

（四）静态路由配置命令

格式一：指定下一跳IP

[Huawei] ip route-static ip-address { mask | mask-length } *nexthop-address*

示例：

[Huawei] ip route-static 192.168.1.0 255.255.255.0 10.1.1.2

[Huawei] ip route-static 192.168.1.0 24 10.1.1.2

格式二：指定出接口

[Huawei] ip route-static ip-address { mask | mask-length } interface-type *interface-number*

示例：

[Huawei] ip route-static 192.168.1.0 255.255.255.0 g0/0/1

[Huawei] ip route-static 192.168.1.0 24 g0/0/1

在创建静态路由时，可以同时指定出接口和下一跳地址，但对于点到点接口（如串口），必须指定出接口。

四、任务实施

（1）配置PC。

（2）配置R-1、R-2接口IP。

<Huawei>sys

[Huawei]sys R-1

[R-1]interface GE0/0/0　//进入接口视图

[R-1-GigabitEthernet0/0/0]ip address 202.22.23.1 24

[R-1-GigabitEthernet0/0/0]interface GE0/0/1

[R-1-GigabitEthernet0/0/1]ip address 192.168.10.254 24

<Huawei>sys

[Huawei]sys R-2

[R-2]interface GE0/0/1

[R-2-GigabitEthernet0/0/1]ip address 172.16.10.254 24

[R-2-GigabitEthernet0/0/1]interface GE0/0/0

[R-2-GigabitEthernet0/0/0]ip address 202.22.23.2 24

（3）配置R-1静态路由。

[R-1]ip route-static 172.16.10.0 24 202.22.23.2　//配置静态路由

（4）配置R-2静态路由。

[R-2]ip route-static 192.168.10.0 24 202.22.23.1

（5）查看路由表。

[R-1]disp ip routing-table protocol static　（查看静态路由表）

Destination/Mask	Proto	Pre	Cost	Flags	NextHop	Interface
172.16.10.0/24	Static	60	0	RD	202.22.23.2	GigabitEthernet0/0/0

[R-2]disp ip routing-table protocol static

Destination/Mask	Proto	Pre	Cost	Flags	NextHop	Interface
192.168.10.0/24	Static	60	0	RD	202.22.23.1	GigabitEthernet0/0/0

五、知识拓展

（一）末端路由器

末端路由器是指连接末梢网络的路由器，直接与终端连接，只有一个出口与网络连接。如图 4-5 所示的网络拓扑中，路由器AR-D、AR-E均属于末端路由器。由于此类路由器出口唯一，常配置为默认路由。

（二）路由聚合

路由聚合又称为路由汇总，是将多条路由汇总成一条路由，也就是把多个IP地址汇聚成一个可以包含所有IP地址的IP地址。路由聚合能够缩小路由表的规模，节省内存，缩短路由选择时间。

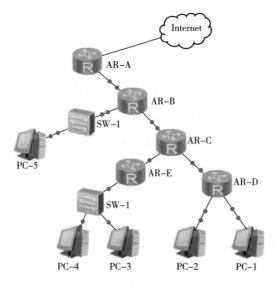

图4-5　末端路由器示意图

在如图 4-6 所示的网络拓扑中，路由器R1 到达 172.16.1.0/24、172.16.2.0/24、172.16.3.0/24、172.16.4.0/24四个网段的静态路由可配置如下：

[R1]ip route-satic 172.16.1.0 24 G0/0/0

[R1]ip route-satic 172.16.2.0 24 G0/0/0

[R1]ip route-satic 172.16.3.0 24 G0/0/0

[R1]ip route-satic 172.16.4.0 24 G0/0/0

根据网络汇总，172.16.1.0/24、172.16.2.0/24、172.16.3.0/24、172.16.4.0/24 四个网段可以汇总为一个网段172.16.0.0/16，因此，路由器R1 到达四个网段的路由可配置为：

[R1]ip route-satic 172.16.0.0 16 G0/0/0

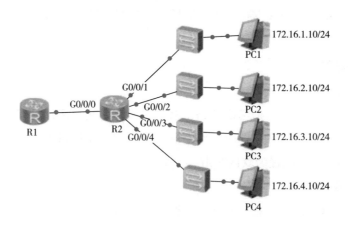

图4-6　静态路由聚合示例

习题强化

1. 请根据如图 4-7 所示网络拓扑，完成静态路由配置，实现主机间通信。（提示：末端路由器AR1、AR3配置为默认路由）

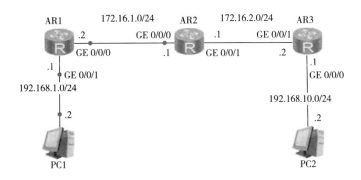

图4-7　静态路由配置网络拓扑

2. 请根据如图 4-8 所示网络拓扑，应用路由聚合对路由器R2配置静态路由，实现R2到达R1、R3所连接的网络。

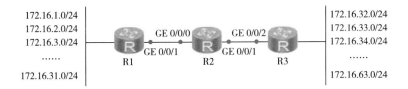

图4-8　静态路由聚合配置网络拓扑

3. 请根据如图 4-9 所示网络拓扑，配置静态路由和默认路由，实现主机间通信。

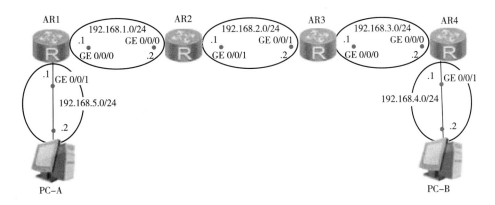

图4-9　静态路由配置网络拓扑

任务 2 单臂路由配置

一、任务描述

某企业有技术部和销售部两个部门，两部门的交换机通过一条线路与一台路由器进行连接，为了安全和管理，两个部门分别配置不同的 VLAN。现因业务需求，要求技术部和销售部主机能够进行相互访问。如果你是该公司的网管，请你完成相关配置，实现不同部门间的通信。网络拓扑如图4-10所示。

二、任务分析

VLAN间相互通信可以通过三种方式实现，一种是通过路由器的不同物理接口与交换机上的每个VLAN分别连接，简称"路由器多臂路由方式"；第二种方式是通过路由器的逻辑子接口与交换机的各个VLAN连接，简称"路由器单臂路由方式"；第三种方式是运用VLANif逻辑接口来实现VLAN之间通信。在本任务的网络拓扑中，两部门的交换机通过一条线路与一台路由器连接，这种网络拓扑适合于应用路由器单臂路由方式实现VLAN间通信。单臂路由网络拓扑如图4-11所示。

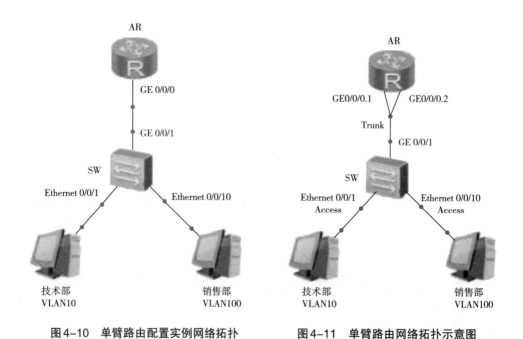

图4-10 单臂路由配置实例网络拓扑　　　图4-11 单臂路由网络拓扑示意图

三、相关知识

（一）单臂路由

单臂路由是指在路由器的一个接口上通过配置子接口（或"逻辑接口"，并不存在真正物理接口）的方式，实现原来相互隔离的不同VLAN间的互联互通。

（二）子接口

路由器的物理接口可以被划分成多个逻辑接口，这些被划分后的逻辑接口被形象地称为子接口。子接口不能被单独开启或关闭，当物理接口被开启或关闭时，所有该接口的子接口也随之被开启或关闭。

1. 路由器子接口的特点

（1）子接口功能与物理接口一致，但稳定性不如物理接口。当一个接口分化出子接口后，自身无法再被使用。

（2）属于三层接口，具备二层接口功能。

（3）工作于OSI/RM模型第三层。

（4）不同子接口的MAC地址与父接口相同。

2. 单臂路由配置步骤

（1）配置路由器对端交换机的VLAN。

（2）将交换机与路由器直接相连的端口配置成Trunk口并允许所有VLAN通过。

（3）配置子接口的IP地址，一般配置成对应VLAN的网关IP。

（4）把子接口封装为IEEE 802.1Q（Virtual Local Area Networks）协议并指明子接口对应VLAN的vid。

配置示例：dot1q termination vid 10。

（5）开启ARP广播功能。

配置示例：arp broadcast enable。

四、任务实施

（1）设计网络拓扑，如图4-12所示。

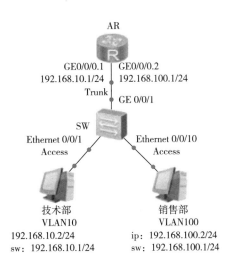

图4-12　单臂路由配置实例网络拓扑设计图

（2）配置PC。

（3）划分VLAN，创建Trunk端口。

<Huawei>

<Huawei>u t m

<Huawei>sys

[Huawei]sys SW

[SW]vlan batch 10 100

[SW]interface Ethernet0/0/1

[SW-Ethernet0/0/1]port link-type Access

[SW-Ethernet0/0/1]port default vlan 10

[SW-Ethernet0/0/1]interface Ethernet0/0/10

[SW-Ethernet0/0/10]port link-type Access

[SW-Ethernet0/0/10]port default vlan 100

[SW-Ethernet0/0/10]interface GE0/0/1

[SW-GigabitEthernet0/0/1]port link-type Trunk

[SW-GigabitEthernet0/0/1]port Trunk allow-pass vlan all

[SW-GigabitEthernet0/0/1]quit

[SW]

（4）配置路由器子接口IP。

<Huawei>u t m

<Huawei>sys

[Huawei]sys AR

[AR]interface GE0/0/0.1 //进入路由器子接口GE0/0/0.1

[AR-GigabitEthernet0/0/0.1]ip address 192.168.10.1 24 //配置子接口IP

[AR-GigabitEthernet0/0/0.1]interface GE0/0/0.2

[AR-GigabitEthernet0/0/0.2]ip address 192.168.100.1 24

[AR-GigabitEthernet0/0/0.2]quit

[AR]

（5）封装路由器子接口，并指定对应VLAN。

[AR]interface GE0/0/0.1

[AR-GigabitEthernet0/0/0.1]dot1q termination vid 10 //封装子接口IEEE 802.1Q协议，对应VLAN10

[AR-GigabitEthernet0/0/0.1]arp broadcast enable //开启子接口的ARP广播功能（必须开启）

[AR–GigabitEthernet0/0/0.1]interface GE0/0/0.2

[AR–GigabitEthernet0/0/0.2]dot1q termination vid 100

[AR–GigabitEthernct0/0/0.2] arp broadcast enable

[AR–GigabitEthernet0/0/0.2]quit

[AR]

（6）验证：两主机能够正常ping通。

五、知识拓展

（一）VLAN终结

VLAN终结是指Trunk口与三层接口连接时，三层接口将VLAN tag（VLAN标签）去掉，VLAN终结于三层接口。为了让三层接口终结不同的VLAN，并且让VLAN间互通，引入了子接口的概念。由于子接口不支持VLAN报文，当它收到VLAN报文时，会将VLAN报文当成非法报文丢弃，因此，需要在子接口上将VLAN Tag剥掉，也就是需要VLAN终结，VLAN终结命令为dot1q termination vid *vid*，该子接口就称为Dot1q终结子接口。

VLAN终结包含两个方面，一方面对接口接收到的报文，剥除VLAN标签后进行三层转发或其他处理；另一方面，对接口发出的报文，又将相应的VLAN标签添加到报文中后再发送。Dot1q终结的实质就是对接收到的带有一层或两层VLAN tag的报文，剥除报文最外一层VLAN tag，对从接口发出的报文，添加一层VLAN tag。

而终结子接口不能转发广播报文，在收到广播报文后它们直接把该报文丢弃。默认情况下，终结子接口未启动ARP广播功能，当IP报文需要从终结子接口发出，且设备上不存在对应的ARP表项时，系统不会主动发送和转发ARP广播报文来学习ARP表项，该IP报文将会被直接丢弃，从而不能对该IP报文进行转发。

为了允许终结子接口能转发广播报文，可以通过在终结子接口上执行arp broadcast enable命令，开启终结子接口的ARP广播功能，系统将会构造带Tag的ARP广播报文，然后再从该终结子接口发出，从而实现不同VLAN间通信。

（二）单臂路由+VRRP配置实现网关备份

在VRRP配置中，可以应用路由器子接口作为不同VLAN的主机网关，实现虚拟路由器备份及负载分担。

图4–13所示网络拓扑，路由器AR–L、AR–R分别应用子接口组成VRRP备份组，AR作为外部路由器，VLAN10的主机网关为虚拟网关10.0.10.254/24，VLAN20的主机网关为虚拟网关10.0.20.254/24。其配置过程如下：

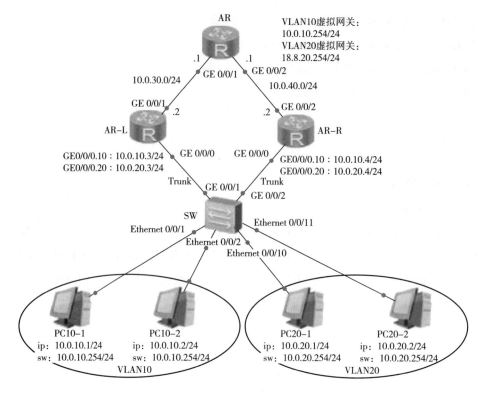

图4-13　单臂路由+VRRP配置实例网络拓扑

配置过程：

（1）配置PC。

（2）在交换机SW划分VLAN，创建Trunk端口。

（3）路由器AR-L、AR-R单臂路由配置。

AR-L配置：

\<Huawei\>u t m

\<Huawei\>sys

[Huawei]sys AR-L

[AR-L]interface GE0/0/1

[AR-L-GigabitEthernet0/0/1]ip address 10.0.30.2 24

[AR-L-GigabitEthernet0/0/1]interface GE0/0/0.10

[AR-L-GigabitEthernet0/0/0.10]ip address 10.0.10.3 24

[AR-L-GigabitEthernet0/0/0.10]dot1q termination vid 10

[AR-L-GigabitEthernet0/0/0.10]arp broadcast enable

[AR-L-GigabitEthernet0/0/0.10]interface GE0/0/0.20

[AR-L-GigabitEthernet0/0/0.20]ip address 10.0.20.3 24

[AR-L-GigabitEthernet0/0/0.20]dot1q termination vid 20

[AR-L-GigabitEthernet0/0/0.20]arp broadcast enable

[AR-L-GigabitEthernet0/0/0.20]quit

[AR-L]

AR-R配置：

<Huawei>u t m

<Huawei>sys

[Huawei]sys AR-R

[AR-R]interface GE0/0/2

[AR-R-GigabitEthernet0/0/2]ip address 10.0.40.2 24

[AR-R-GigabitEthernet0/0/2]interface GE0/0/0.10

[AR-R-GigabitEthernet0/0/0.10]ip address 10.0.10.4 24

[AR-R-GigabitEthernet0/0/0.10]dot1q termination vid 10

[AR-R-GigabitEthernet0/0/0.10]arp broadcast enable

[AR-R-GigabitEthernet0/0/0.10]interface GE0/0/0.20

[AR-R-GigabitEthernet0/0/0.20]ip address 10.0.20.4 24

[AR-R-GigabitEthernet0/0/0.20]dot1q termination vid 20

[AR-R-GigabitEthernet0/0/0.20]arp broadcast enable

[AR-R-GigabitEthernet0/0/0.20]quit

[AR-R]

（4）配置路由器静态路由。

配置AR：

<Huawei>u t m

<Huawei>sys

[Huawei]sys AR

[AR]interface GE0/0/1

[AR-GigabitEthernet0/0/1]ip address 10.0.30.1 24

[AR-GigabitEthernet0/0/1]interface GE0/0/2

[AR-GigabitEthernet0/0/2]ip address 10.0.40.1 24

[AR-GigabitEthernet0/0/2]quit

[AR]ip route-static 10.0.10.0 24 10.0.30.2

[AR]ip route-static 10.0.10.0 24 10.0.40.2

[AR]

配置AR-L静态路由：

[AR-L]ip route-static 10.0.40.0 24 10.0.30.1

配置AR-R静态路由：

[AR-R]ip route-static 10.0.30.0 24 10.0.40.1

（5）配置VRRP。

配置AR-L：

[AR-L-GigabitEthernet0/0/0.10]vrrp vrid 10 virtual-ip 10.0.10.254 //配置虚拟IP

[AR-L-GigabitEthernet0/0/0.10]vrrp vrid 10 priority 120 //设置优先级120

[AR-L-GigabitEthernet0/0/0.10]interface GE0/0/0.20

[AR-L-GigabitEthernet0/0/0.20]vrrp vrid 20 virtual-ip 10.0.20.254 //配置虚拟IP，未设置优先级，默认优先级为100

[AR-L-GigabitEthernet0/0/0.20]quit

[AR-L]

配置AR-R：

[AR-R]interface GE0/0/0.10

[AR-R-GigabitEthernet0/0/0.10]vrrp vrid 10 virtual-ip 10.0.10.254 //配置虚拟IP，未设置优先级，默认优先级为100

[AR-R-GigabitEthernet0/0/0.10]interface GE0/0/0.20

[AR-R-GigabitEthernet0/0/0.20]vrrp vrid 20 virtual-ip 10.0.20.254

[AR-R-GigabitEthernet0/0/0.20]vrrp vrid 20 priority 120

[AR-R-GigabitEthernet0/0/0.20]

[AR-R-GigabitEthernet0/0/0.20]quit

[AR-R]

（6）验证。

```
[AR-L]disp vrrp brief
Total:2  Master:1  Backup:1  Non-active:0
VRID    State    Interface    Type    Virtual IP
--------------------------------------------------
10      Master   GE0/0/0.10   Normal  10.0.10.254
20      Backup   GE0/0/0.20   Normal  10.0.20.254

[AR-R]disp vrrp brief
Total:2  Master:1  Backup:1  Non-active:0
VRID    State    Interface    Type    Virtual IP
--------------------------------------------------
10      Backup   GE0/0/0.10   Normal  10.0.10.254
20      Master   GE0/0/0.20   Normal  10.0.20.254
```

👆 **习题强化**

1. 请根据如图4–14所示网络拓扑，完成单臂路由配置，实现VLAN间主机间通信。

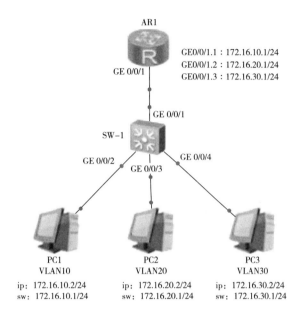

图4–14 单臂路由配置网络拓扑

2. 请根据如图4–15所示网络拓扑，完成单臂路由配置，实现VLAN间主机间通信。

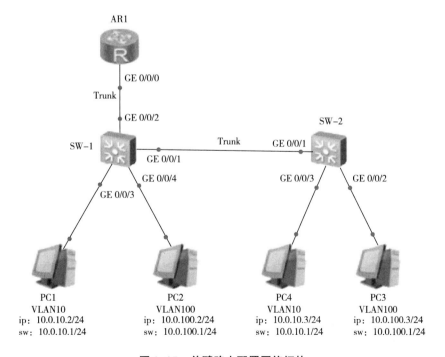

图4–15 单臂路由配置网络拓扑

任务 3　RIP 路由配置

一、任务描述

某公司的内部局域网规模较小，仅有 3 台路由器，规划了 5 个网络，为了测试方便，在路由器AR-B上配置了loopback0 接口。如果你是该公司的网管，请你应用RIP协议完成相关配置，实现网络互通。网络拓扑如图4-16所示。

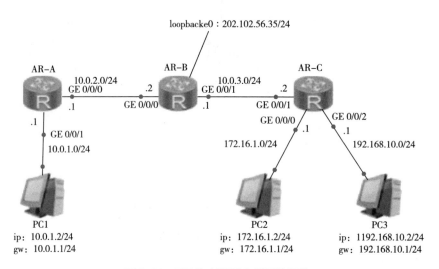

图4-16　RIP路由配置实例网络拓扑

二、任务分析

RIP路由协议有RIPv1 和RIPv2 两个版本，由于RIPv1 安全性差，收敛速度慢，不支持变长子网掩码和无类IP，因此本案例选择RIPv2。在路由器AR-B上配置了loopback0 接口，且网络属于 10.0.20.0/24 网段，可理解为一个规划网络，在路由器AR-B的RIP协议中需进行网络宣告。

三、相关知识

（一）RIP协议概述

RIP是应用较早、使用较普遍的内部网关协议，适用于小型同类网络的一个自治系统（Autonomous System，AS）内的路由信息的传递。RIP协议使用跳数来衡量网络间的"距离"：从一台路由器到其直连网络的跳数定义为1，从一台路由器到其非直连网络，每经过一个路由器距离加1。距离也称为"跳数"，RIP允许路由的最大跳数为15，超过15跳即为不可达。RIP协议只适用于小型网络。

1.RIP协议有以下特征

（1）RIP是一种距离矢量路由协议。

（2）RIP使用跳数作为路径选择的唯一度量。

（3）将跳数超过15的路由通告为不可达。

（4）每30秒广播一次路由更新消息。

2. RIP协议在更新和维护路由信息时主要使用3个计时器

（1）更新计时器（Update Timer）：指运行RIP协议的路由器向所有接口广播自己路由信息（RIP的路由更新信息为整个路由表）的时间间隔，缺省时间为30秒。当此计时器超时时，立即发送更新报文。

（2）老化计时器（Age Timer）：指路由表的每条路由的存活时间，缺省时间为180秒。如果在老化时间内，设备仍没有收到邻居发来的更新报文，则把该路由的度量值置为16，表示路由不可达，这条路由会从路由表中删除，但仍然存放在RIP数据库中，以便路由能够随时恢复，同时启动"垃圾收集计时器"。如果在老化时间内，路由器再次收到这条路由的更新，老化计时器会被重置并重新开始计时。

（3）垃圾收集计时器（Garbage-collect Timer）：缺省时间为120秒，当一条路由启动垃圾收集计时后，若这个时间内收到这条路由的更新报文，则在路由表中恢复这条路由，终止垃圾回收计时器，启动老化计时器并开始计时。如果垃圾收集计时器超时，则从RIP数据库中删除这条路由，至此，这条路由被彻底删除。

3. RIP协议版本

RIP协议有RIPv1和RIPv2两个版本，其区别见表4-1。

表4-1 RIPv1和RIPv2区别

版本	RIPv1	RIPv2
区别	有类路由协议	无类路由协议
	不支持变长子网掩码（VLSM）	支持变长子网掩码（VLSM）
	更新方式为广播 广播地址255.255.255.255	更新方式为组播 组播地址：224.0.0.9
	不支持认证	支持明文及密文认证
	不支持不连续子网	支持不连续子网
	只能支持自动汇总，不支持手动汇总	支持手动汇总，默认开启自动汇总

（二）RIP协议工作原理

（1）初始化。RIP初始化时，会从每个参与工作的接口发送请求报文（RIPv1为广播255.255.255.255，RIPv2为组播224.0.0.9）。通过向相邻设备发送请求数据包，更新路由，获得完整的路由表。

（2）路由更新。RIP路由更新是通过定时广播实现的。缺省情况下，路由器每隔30秒向与它相连的网络广播自己的路由表，接收到广播的路由器将收到的路由信息添加至自身的路由表中。每个路由器都如此广播，最终网络上所有的路由器都会得知全部的路由信息。正常情况下，每30秒路由器就可以收到一次路由信息确认，如果经过180秒，一个路由表项没得到确认，路由器就认为它已失效了，会从路由表中删除。再经过120秒，路由表项仍没有得到确认，它就从RIP数据库中被彻底删除。上面的30秒、180秒和120秒的延时分别通过更新计时器、老化计时器和垃圾收集计时器控制。

（3）触发路由更新。当某个路由度量发生改变时，路由器只发送与改变有关的路由，并不发送完整的路由表。

（三）RIP路由表建立过程

如图4-17所示，网络拓建立RIP路由表。

图4-17　网络拓扑示意图

（1）路由初始化启动：直连路由写入路由表如图4-18所示。

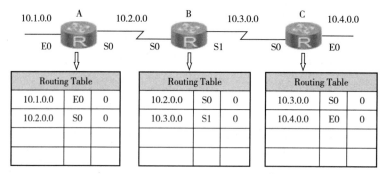

图4-18　RIP路由表初始化

（2）初次路由信息交换如图4-19所示。

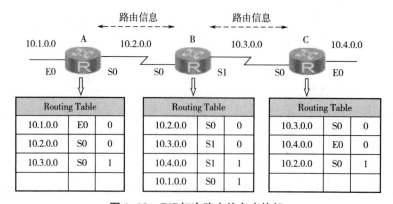

图4-19　RIP初次路由信息交换机

（3）路由收敛完成如图4-20所示。

路由信息   路由信息

Routing Table		
10.1.0.0	E0	0
10.2.0.0	S0	0
10.3.0.0	S0	1
10.4.0.0	S0	2

Routing Table		
10.2.0.0	S0	0
10.3.0.0	S1	0
10.4.0.0	S1	1
10.1.0.0	S0	1

Routing Table		
10.3.0.0	S0	0
10.4.0.0	E0	0
10.2.0.0	S0	1
10.1.0.0	S0	2

图4-20 RIP路由收敛完成

（四）RIP协议解决环路问题

如图4-21所示，假设路由器C发生故障，路由器C监测到该故障后，会立即向路由器B发送故障信息（跳数设置为16）表示10.4.0.0为不可达路由。然而，在路由器C准备将这条不可达路由周期性响应消息发给路由器B时，收到路由器B周期性响应消息，其中包含10.4.0.0网段的路由信息，那么这个时候路由器C就会认为可以通过路由器B到达10.4.0.0网段，所以路由器C就在10.4.0.0路由表项的跳数上加1，路由器B又会从路由器C学习到这条路由，并且会通告给自己的邻居，那样不断往复就产生了环路。

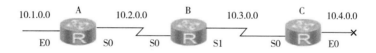

图4-21 RIP环路示意图

路由器通过触发更新、水平分割、毒性逆转、毒化路由、抑制时间等方式解决环路问题。

触发更新：当路由表中的路由信息发生变化时，路由器不必等待更新周期的到来，立即将变化的路由信息发送给相邻路由器。触发更新响应消息中只需包含路由信息发生了改变的路由项，减少带宽及路由器处理资源的消耗。

水平分割：从一个接口接收到的路由条目不会再从该接口发送出去。

毒性逆转：当路由器通过RIP从某个接口学到的路由信息失效后，跳数设置为16，并把不可达的度量值将其从源接口发回给相邻的路由器。毒性逆转较水平分割更加健全，但耗费了一部分带宽和路由器系统资源。

毒化路由：指路由器将发生故障的路由条目以16跳为度量值发送给相邻的路由器，从而使邻居能及时获取故障信息。

抑制时间：抑制时间和毒化路由结合使用。抑制时间规定，当一条路由的度量值变为16跳时，该路由将进入抑制状态。在抑制时间内，只有接收到相邻路由器发送的且度量值小于16跳的路由更新，才会被本地路由器接受。

（五）RIPv2协议配置步骤

（1）启用RIP协议，并设置进程号。配置示例：

[Huawei]rip 1 //RIP进程号范围为1～65535

（2）设置RIP协议版本号。配置示例：

[Huawei-rip-1]version 2

（3）关闭路由汇总功能。命令：

[Huawei-rip-1]undo summary

（4）宣告直连网段。配置示例：

[Huawei-rip-1]network 192.168.10.0

四、任务实施

（1）配置PC。

（2）配置路由器接口IP。

（3）配置loopback0接口。

[AR-B]interface loopback0

[AR-B-LoopBack0]ip add 202.102.56.35 24

（4）配置RIPV2。

[AR-A]rip 1 //启动RIP协议，进程号为1

[AR-A-rip-1]version 2 //设置RIP协议版本2

[AR-A-rip-1]undo summary   //关闭自动路由汇总功能

[AR-A-rip-1]network 10.0.0.0   //宣告10.0.0.0网络

[AR-B]rip 1

[AR-B-rip-1]version 2

[AR-B-rip-1]undo summary

[AR-B-rip-1]network 10.0.0.0

[AR-B-rip-1]network 202.102.56.0

[AR-C]rip 1

[AR-C-rip-1]version 2

[AR-C-rip-1]undo summary

[AR-C-rip-1]network 10.0.3.0

[AR-C-rip-1]network 172.16.0.0

[AR-C-rip-1]network 192.168.10.0

（5）验证，查看RIP路由表。

```
<AR-A>disp ip routing-table protocol rip
Route Flags: R-relay, D-download to fib
------------------------------------------------------------
Public routing table : RIP
    Destinations : 4    Routes : 4
RIP routing table status : <Active>
    Destinations : 4    Routes : 4
Destination/Mask    Proto  Pre  Cost  Flags  NextHop    Interface
    10.0.3.0/24        RIP   100   1     D    10.0.2.2   GigabitEthernet0/0/0
    172.16.1.0/24      RIP   100   2     D    10.0.2.2   GigabitEthernet0/0/0
    192.168.10.0/24    RIP   100   2     D    10.0.2.2   GigabitEthernet0/0/0
    202.102.56.0/24    RIP   100   1     D    10.0.2.2   GigabitEthernet0/0/0
RIP routing table status : <Inactive>
    Destinations : 0    Routes : 0

<AR-B>disp ip routing-table protocol rip
Route Flags: R-relay, D-download to fib
------------------------------------------------------------
Public routing table : RIP
    Destinations : 3    Routes : 3
RIP routing table status : <Active>
    Destinations : 3    Routes : 3
Destination/Mask    Proto  Pre  Cost  Flags  NextHop    Interface
    10.0.1.0/24        RIP   100   1     D   10.0.2.1   GigabitEthernet0/0/0
    172.16.1.0/24      RIP   100   1     D   10.0.3.2   GigabitEthernet0/0/1
    192.168.10.0/24    RIP   100   1     D   10.0.3.2   GigabitEthernet0/0/1
RIP routing table status : <Inactive>
    Destinations : 0    Routes : 0

<AR-C>disp ip routing-table protocol rip
Route Flags: R-relay, D-download to fib
------------------------------------------------------------
Public routing table : RIP
    Destinations : 3    Routes : 3
RIP routing table status : <Active>
    Destinations : 3    Routes : 3
Destination/Mask    Proto  Pre  Cost  Flags  NextHop    Interface
    10.0.1.0/24        RIP   100   2     D   10.0.3.1   GigabitEthernet0/0/1
    10.0.2.0/24        RIP   100   1     D   10.0.3.1   GigabitEthernet0/0/1
    202.102.56.0/24    RIP   100   1     D   10.0.3.1   GigabitEthernet0/0/1
RIP routing table status : <Inactive>
    Destinations : 0    Routes : 0
```

五、知识拓展

（一）为什么要关闭RIP路由汇总功能？

关闭自动汇总是为了防止环路。如A与B互联，A直连的网段为 172.16.1.0 /24，172.16.2.0 /24，172.16.3.0 /24，如果开启自动汇总，B学到的汇总路由为 172.16.0.0 /16，缺乏明细路由，路由选路就会出现问题，可能导致不通，也可能导致环路。

如果不存在环路问题，可以开启自动汇总，并可节省路由条目。

（二）什么是自治系统？

在互联网中，一个自治系统是指在一个或多个实体管辖下的所有IP网络和路由器的全体，它们对互联网执行共同的路由策略，使用统一内部路由协议。

如果一个单位的网络路由器采用EGP（Exterior Gateway Protocol，外部网关协议）、BGP（Border Gateway Protocol，边界网关协议）或 IDRP（OSI/RM Inter-Domain Routing Protocol，OSI/RM域间路由选择协议）等协议，可以申请AS编号。一般如果某单位的网络规模比较大，或者将来会发展成较大规模的网络，而且有多个出口，就应建立一个自治系统，并需要申请AS编号。如果网络规模较小，或者规模较固定，而且只有一个出口，可采用静态路由或其他路由协议，这样就不需要AS编号。自治系统如图4-22所示。

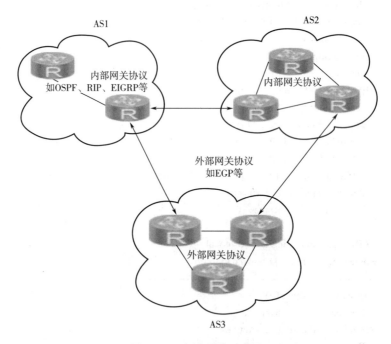

图4-22 自治系统示意图

自治系统是一个处于一个管理机构控制之下的路由器和网络群组，它可以是一个路由器直接连接到一个LAN上，同时也连到互联网上，也可以是一个由企业骨干网互连的多个局域网。在一个自治系统内的所有路由器必须相互连接，运行相同的路由协议，同时分配同一个自治系统编号。自治系统之间的链接使用外部路由协议，如BGP。

自治系统有以下特点：

（1）自治系统是一组共享相似路由策略并在单一管理域中运行的路由器的集合。

（2）自治系统可以是运行相同协议的路由器集合，也可以是运行不同路由协议但属于同一个组织机构的路由器集合。不管哪种情况，外部都将整个自治系统看作一个实体。

（3）每个自治系统都有唯一的自治系统编号，这个编号是由互联网授权的管理机构IANA（Internet Assigned Numbers Authority，互联网数字分配机构）分配的。

（4）自治系统的编号范围是 1~65535，1~65411 是注册的互联网编号，65412~65535 是专用网络编号。

（三）loopback接口与环回地址

loopback接口是一种纯软件性质的虚拟接口，其配置的IP地址又称为"环回地址"，任何送到该接口的网络数据报文都会被认为是送往设备自身的。loopback接口创建后，物理层状态和链路层协议永远处于up状态。loopback接口可以配置IP地址，为了节约IP地址，系统会自动给loopback接口的IP地址配置 32 位的子网掩码。loopback接口下也可以使用路由协议，可以收发路由协议报文。

系统管理员完成网络规划之后，为了方便管理，会为每一台路由器创建一个loopback接口，并在该接口上单独指定一个IP地址作为管理地址，管理员会使用该地址对路由器远程登录，该地址实际上起到了类似设备名称一类的功能。

动态路由协议OSPF 、BGP 在运行过程中需要为该协议指定一个Router ID，作为该路由器的唯一标识，并要求在整个自治系统内唯一。由于Router ID是一个 32 位的无符号整数，这一点与IP 地址十分相像。而且IP 地址是不会出现重复现象的，所以通常将路由器的Router ID指定为与该设备上的某个接口的地址相同。由于loopback 接口的IP 地址通常被视为路由器的标识，所以是Router ID的最佳选择。

在网络IP分类中，凡是以 127开头的IP地址都是本地环回地址（Loopback Address），其所在的环回接口一般被理解为虚拟网卡，并不是真正的路由器接口。无论什么程序，一旦使用本地环回地址发送数据，协议软件立即返回，不进行任何网络传输。因此，在主机上发送给 127开头的IP地址的数据包会被发送的主机自己接收，外部设备也无法通过本地环回地址访问本机，本地环回地址主要应用于网络软件测试以及本地机进程间通信。本地环回地址的作用一是测试本机的网络配置，能ping通 127.0.0.1 说明主机的网卡和IP协议安装没问题，另一个作用是server/client的应用程序在运行时需调用服务器上的资源时，一般指定server的IP地址，但当该程序在同一台机器上运行而没有别的server时，可以把server的资源装在本机，server的IP地址设为 127.0.0.1 同样可以进行运行。

习题强化

1. 请根据如图4-23所示网络拓扑配置RIP协议，实现主机间通信。

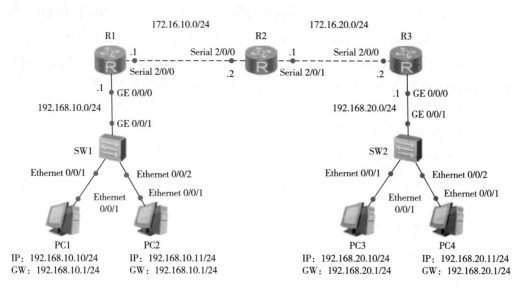

图4-23　RIP配置网络拓扑

2. 请根据如图4-24所示网络拓扑配置RIP协议，实现主机间通信。

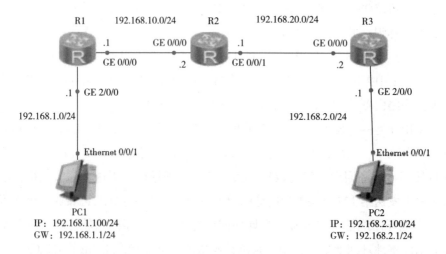

图4-24　RIP配置网络拓扑

任务4 OSPF 路由配置

一、任务描述

某公司各部门通过 3 个路由器连接，其中PC1、PC2 的网关为路由器R1 的接口 g0/0/0，IP 为 192.168.42.254/24；PC3、PC4 分别在VLAN10 和VLAN20，PC3、PC4 通过交换机SW-B能够实现三层通信。请你配置OSPF协议，实现全网通。网络拓扑如图4-25所示。

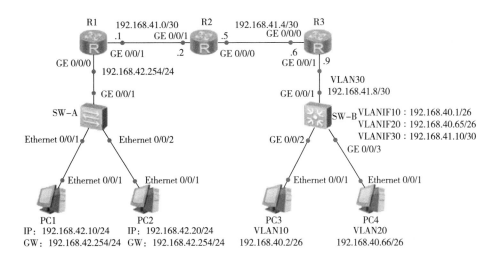

图4-25 OSPF配置实例网络拓扑

二、任务分析

由于PC3、PC4 通过SW-B实现三层通信，需在SW-B上配置VLAN10 和VLAN20 虚拟接口IP作为PC3、PC4 的网关，SW-B的G0/0/1 配置为Access口，并划分到VLAN30，以实现与路由器R3 连接。分别在R1、R2、R3 及SW-B上配置OSPF协议，实现全网通，SW-A交换机属于二层交换机，起到透明传输功能，不需要配置OSPF。由于路由器较少，仅需配置为单区域OSPF协议，Router ID默认。

三、相关知识

（一）OSPF协议概述

OSPF是IETF（Internet Engineering Task Force，互联网工程任务组）组织开发的一个基于链路状态的内部网关协议，目前针对IPv4协议使用的是OSPF Version 2。该协议是一种动态路由协议，在单一自治系统（AS）内部工作。

当带有路由功能的网络设备运行OSPF协议之后，设备之间会开始交互hello报文，hello报文内通常包含了一些路由的基本信息，之后交互的是DBD（Database Description，数据库描述）报文，DBD报文简要描述了自身的LSA（Link State Advertisement，链路状态通告）信息，通过收到的DBD报文来跟自身的LSA信息做对比。如果部分LSA信息缺失，则发送LSR（Link State Request，链路请求）报文，请求发送缺失部分，这时对等体设备会发出一个LSU（Link State Update，链路状态更新）报文，LSU主要更新LSA信息，然后发送LSACK Link State Acknowledgment，链路状态，确定报文来确保安全，最后LSU存放进LSA数据库，形成LSDB（Link State DataBase，链路状态数据库），再运行Dijkstra算法计算出最优路径，形成路由表。

（二）OSPF术语

1. Router ID

网络中运行OSPF协议的路由器都要有唯一的标识，这个标识就是Router ID。每台OSPF路由器只有一个Router ID，Router ID使用IP地址的形式表示，Router ID只在OSPF启动时计算，或者重置OSPF进程后计算。确定Router ID的方法为：

（1）手工指定Router ID。

（2）路由器上活动Loopback接口中最大IP地址。

（3）没有活动Loopback接口时，选择最大物理接口IP地址。

2. 开销COST

OSPF协议选择最佳路径的标准是带宽，带宽越高，计算出来的开销越低。到达目标网络的各个链路累计开销最低的，就是最佳路径。

3. 链路状态通告LSA

LSA是OSPF接口上的描述信息，如接口上的IP地址、子网掩码、网络类型、COST值等信息，OSPF路由器之间交换的不是路由表而是链路状态，OSPF通过获得网络中所有的链路状态信息，从而计算出到达目标网络的最佳路径。OSPF路由器会将自己所有的链路状态全部发送给邻居，邻居将收到的链路状态全部放入LSDB，邻居再发给自己的所有邻居。最终，网络中所有的OSPF路由器都拥有网络中所有的链路状态，并且所有路由器的链路状态都能描绘相同的网络拓扑。

4. OSPF区域

由于OSPF路由器间会交换所有链路状态，当网络规模达到一定程度时，LSA将形成一个庞大的数据库，导致OSPF计算复杂，为了降低OSPF的计算压力，OSPF采用分区域计算，将网络中所有的OSPF路由器划分成不同的区域，每个区域负责各自区域的LSA传递与路由计算，然后再将一个区域的LSA简化和汇总化后转发到另外一个区域，在区域内部拥有详细的LSA，而在不同区域，则传递简化的LSA，这样就可以提高收敛速度。

5. OSPF数据包

（1）Hello数据包。OSPF使用Hello数据包建立和维护邻居关系。在一个路由器给其他路由器分发它的邻居信息前，必须通过Hello数据包建立邻居关系。

（2）DBD数据包。DBD数据包不包含完整的LSDB信息，只包含数据库中每个条目的概要。当一个路由器首次连入网络，或者刚刚从故障中恢复时，它需要完整的LSDB信息。此时，该路由器首先通过Hello分组与邻居们建立双向通信关系，然后会收到每个邻居反馈的DBD数据包。该路由器会检查所有概要，然后发送一个或多个链路状态请求分组，取回完整的条目信息。

（3）LSR数据包。LSR数据包用来请求邻居发送其链路状态数据库中某些条目的详细信息。当一个路由器与邻居交换了DBD数据包后，如果发现它的链路状态数据库缺少某些条目或某些条目已过期，就使用LSR数据包来取得邻居链路状态数据库中较新的部分。

（4）LSU数据包。LSU数据包被用来应答链路状态请求数据包，也可以在链路状态发生变化时实现洪泛（flooding）。在网络运行过程中，只要一个路由器的链路状态发生变化，该路由器就要使用LSU，用洪泛法向全网更新链路状态。

（5）LSAck数据包。LSAck数据包被用来应答链路状态更新分组，对其进行确认，从而使得链路状态更新分组采用的洪泛算法变得可靠。

（三）OSPF协议工作过程

（1）启动配置完成后，本地使用Hello数据包建立邻居关系，生成邻居表。

（2）每台路由器向每个邻居发送链路状态通告（LSA），完成LSDB同步。

（3）使用Dijkstra算法计算出到每个网络的最短路径，生成路由表。

OSPF的简化过程：发Hello报文——建立邻接关系——形成链路状态数据库——Dijkstra算法——形成路由表。

（四）OSPF优缺点

1. 优点

（1）OSPF适合较大范围的网络：OSPF协议不限制路由跳数，所以OSPF协议能用在许多场合，同时也支持更大规模的网络。在组播的网络中，OSPF协议能够支持数十台路由器一起运作。

（2）组播触发式更新：OSPF协议在收敛完成后，会以触发方式发送拓扑变化的信息给其他路由器，这样可以减少网络宽带的利用率；同时，可以减小干扰，特别是在使用组播（组播地址为224.0.0.5）对外发出信息时，对其他设备不构成影响。

（3）收敛速度快：如果网络结构改变，立即重新计算路由，并及时向其他路由器发送最新的链路状态信息，使各路由器的链路状态表能够尽量保持一致，而且OSPF采用周期较短的Hello报文来维护邻居状态。

（4）以开销作为度量值：OSPF协议是以开销值作为标准，OSPF选路主要基于带宽因素。

（5）支持可变长子网掩码，支持在一个网络中使用多级子网IP地址。

（6）避免路由环路：在使用最短路径算法下，收到路由中的链路状态，然后生成路径，这样不会产生环路。

（7）提出区域划分的概念：将自治系统划分为不同区域后，可以提高网络扩展性，有利于组建更大规模的网络，各区域管各自区域，效率更高，收敛速度更快。

2. 缺点

（1）OSPF协议的配置比较复杂，对网管人员技术水平要求很高。

（2）路由器自身负载分担能力低。OSPF路由协议会根据主要因素生成不同接口的优先级，而在同一个区域内，路由只会通过优先级最高的接口，优先级低的接口不会被路由通过，这会导致不同等级的路由无法相互承担负载，只能独自运行。

（五）单区域OSPF配置步骤

（1）设置OSPF进程，并定义OSPF的Router ID。

配置示例：ospf 1

　　　　　　　　router-id 10.1.1.1

（2）创建area 0。

配置示例：area 0　或area 0.0.0.0

（3）在area0中通告属于area0区域的网络。

配置示例：network 10.0.1.0 0.0.0.255 //network命令后使用反掩码。

四、任务实施

（1）配置路由器接口IP、主机IP。

（2）创建SW-B交换机虚拟接口，并完成接口VLAN划分。

（3）在路由器和SW-B上配置OSPF。

R1配置：

[R1]ospf 1

[R1-ospf-1]area 0

[R1-ospf-1-area-0.0.0.0]network 192.168.41.0 0.0.0.3

[R1-ospf-1-area-0.0.0.0]network 192.168.42.0 0.0.0.255

[R1-ospf-1]quit

[R1]

R2配置：

[R2]ospf 1

[R2-ospf-1]area 0

[R2-ospf-1-area-0.0.0.0]network 192.168.41.0 0.0.0.3

[R2-ospf-1-area-0.0.0.0]network 192.168.41.4 0.0.0.3

[R2-ospf-1-area-0.0.0.0]return

<R2>

R3 配置：

[R3]ospf 1

[R3-ospf-1]area 0

[R3-ospf-1-area-0.0.0.0]network 192.168.41.4 0.0.0.3

[R3-ospf-1-area-0.0.0.0]network 192.168.41.8 0.0.0.3

[R3-ospf-1-area-0.0.0.0]return

<R3>

SW-B 配置：

[SW-B]ospf 1

[SW-B-ospf-1]area 0

[SW-B-ospf-1-area-0.0.0.0]network 192.168.41.8 0.0.0.3

[SW-B-ospf-1-area-0.0.0.0]network 192.168.40.0 0.0.0.63

[SW-B-ospf-1-area-0.0.0.0]network 192.168.40.64 0.0.0.63

[SW-B-ospf-1-area-0.0.0.0]return

<SW-B>

（4）验证：查看 OSPF 协议路由表，路由表显示全网通。

```
<SW-B>disp ip routing-table protocol ospf
Route Flags: R-relay, D-download to fib
------------------------------------------------------------
Public routing table : OSPF
    Destinations : 3    Routes : 3
OSPF routing table status : <Active>
    Destinations : 3    Routes : 3
Destination/Mask    Proto   Pre  Cost   Flags    NextHop          Interface
192.168.41.0/30     OSPF    10    3     D        192.168.419      Vlanif30
192.168.41.4/30     OSPF    10    2     D        192.168.419      Vlanif30
192.168.42.0/24     OSPF    10    4     D        192.168.419      Vlanif30
OSPF routing table status : <Inactive>
    Destinations : 0    Routes : 0


<R3>disp ip routing-table protocol ospf
Route Flags: R - relay, D - download to fib
------------------------------------------------------------
Public routing table : OSPF
    Destinations : 4    Routes : 4
OSPF routing table status : <Active>
    Destinations : 4    Routes : 4
Destination/Mask    Proto   Pre  Cost   Flags    NextHop          Interface
192.168.40.0/26     OSPF    10    2     D        192.168.41.10    GigabitEthernet0/0/1
192.168.40.64/26    OSPF    10    2     D        192.168.41.10    GigabitEthernet0/0/1
192.168.41.0/30     OSPF    10    2     D        192.168.415      GigabitEthernet0/0/0
192.168.42.0/24     OSPF    10    3     D        192.168.415      GigabitEthernet0/0/0
OSPF routing table status : <Inactive>
    Destinations : 0    Routes : 0
```

五、知识拓展

（一）多区域OSPF配置

1. 多区域OSPF概述

在大型网络环境中，网络结构时常发生变化，因此OSPF路由器会经常运行Dijkstra算法来重新计算路由信息，导致大量消耗路由器CPU和内存资源。在OSPF网络中，随着多条路径的增加，路由表变得越来越大，每一次路径改变，路由器都会花费大量的时间和资源去重新计算路由表，使路由器效率降低。同时，包含完整网络结构信息的LSDB也会越来越大，这将导致路由器的CPU和内存资源彻底耗尽，从而使路由器崩溃。为解决上述问题，OSPF协议把大型网络划分成多个小型区域，这些小型区域之间仅交换路由汇总信息，不交换每个路由器的细节。

OSPF划分多区域能够降低SPF运算的频率，减小路由表，减小LSU报文的流量。

OSPF路由器根据在AS中的不同位置分为内部路由器、区域边界路由器、自治系统边界路由器和骨干路由器。

内部路由器（Internal Router，IR）：指所有的接口都属于同一个区域的路由器，该路由器保存本区域的链路状态信息。

区域边界路由器（Area Border Routers，ABR）：指连接一个或多个区域到骨干区域的路由器，这些路由器会作为域间通信的路由网关。该类路由器可以同时属于两个以上的区域，但其中一个必须是骨干区域。ABR路由器将会汇总与它相连区域的拓扑信息给骨干区域，然后将这些汇总信息传送给其他区域。

自治系统边界路由器（AS Boundary Routers，ASBR）：与其他AS交换路由信息的路由器。ASBR并不一定位于AS的边界，它可能是区域内路由器，也可能是ABR。

骨干路由器（Backbone Routers，BR）：在骨干区域内的路由器都称为骨干路由器，该类路由器至少有一个接口属于骨干区域，因此，所有的ABR和位于Area0内部的路由器都是骨干路由器。

OSPF区域分为骨干区域和非骨干区域。骨干区域 Area0 相当于交通枢纽，负责不同非骨干区域之间的流量转发。所有的非骨干区域必须与骨干区相邻，区域与区域之间通过路由器分隔。多区域OSPF如图4-26所示。

2. 多区域OSPF协议配置实例

根据如图4-27所示网络拓扑，完成路由器多区域OSPF配置，实现全网通。

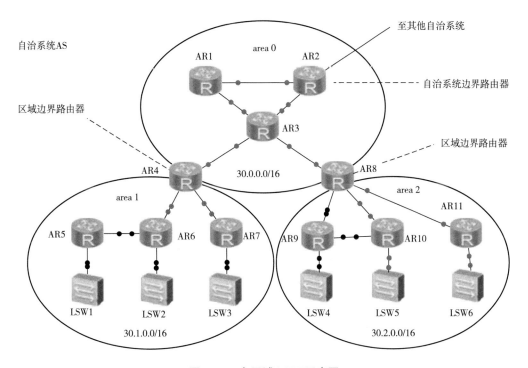

图4-26 多区域OSPF示意图

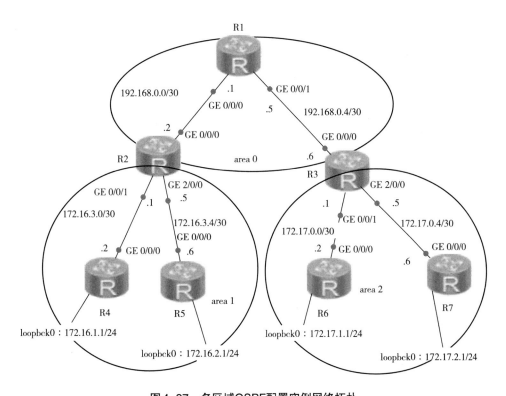

图4-27 多区域OSPF配置实例网络拓扑

实现步骤如下：

（1）配置路由器各接口参数。

（2）创建loopback接口。

[R4]interface GE0/0/0

[R4—GigabitEthernet0/0/0]ip address 172.16.3.2 30

[R4—GigabitEthernet0/0/0]quit

[R4]interface loopback0

[R4—LoopBack0]ip address 172.16.1.1 24

[R5]interface GE0/0/0

[R5—GigabitEthernet0/0/0]ip address 172.16.3.6 30

[R5—GigabitEthernet0/0/0]quit

[R5]interface loopback0

[R5—LoopBack0]ip address 172.16.2.1 24

[R6]interface GE0/0/0

[R6—GigabitEthernet0/0/0]ip address 172.17.0.2 30

[R6—GigabitEthernet0/0/0]quit

[R6]interface loopback0

[R6—LoopBack0]ip address 172.17.1.1 24

[R7]interface GE0/0/0

[R7—GigabitEthernet0/0/0]ip address 172.17.0.6 30

[R7—GigabitEthernet0/0/0]quit

[R7]interface loopback0

[R7—LoopBack0]ip address 172.17.2.1 24

（3）配置OSPF协议。

R1配置：

[R1]router id 1.1.1.1

[R1]ospf 1

[R1—ospf—1]area 0

[R1—ospf—1—area—0.0.0.0]network 192.168.0.0 0.0.0.255

R2配置：

[R2]router id 2.2.2.2

[R2]ospf 1

[R2−ospf−1]area 0

[R2−ospf−1−area−0.0.0.0]network 192.168.0.0 0.0.0.255

[R2−ospf−1−area−0.0.0.0]quit

[R2−ospf−1]area 1

[R2−ospf−1−area−0.0.0.1]network 172.16.3.0 0.0.0.15

R3配置：

[R3]router id 3.3.3.3

[R3]ospf 1

[R3−ospf−1]area 0

[R3−ospf−1−area−0.0.0.0]network 192.168.0.0 0.0.0.255

[R3−ospf−1−area−0.0.0.0]quit

[R3−ospf−1]area 2

[R3−ospf−1−area−0.0.0.2]network 172.17.0.0 0.0.0.15

R4配置：

[R4]ospf 1

[R4−ospf−1]area 1

[R4−ospf−1−area−0.0.0.1]network 172.16.0.0 0.0.255.255

R5配置：

[R5]ospf 1

[R5−ospf−1]area 1

[R5−ospf−1−area−0.0.0.1]network 172.16.0.0 0.0.255.255

R6配置：

[R6]ospf 1

[R6−ospf−1]area 2

[R6−ospf−1−area−0.0.0.2]network 172.17.0.0 0.0.255.255

R7配置：

[R7]ospf 1

[R7−ospf−1]area 2

[R7−ospf−1−area−0.0.0.2]network 172.17.0.0 0.0.255.255

（4）查看OSPF协议路由表。

<R1>disp ip routing−table protocol ospf

```
<R1>disp ip routing-table protocol ospf
Route Flags: R - relay, D - download to fib
------------------------------------------------------------
Public routing table : OSPF
    Destinations : 8    Routes : 8
OSPF routing table status : <Active>
    Destinations : 8    Routes : 8
Destination/Mask    Proto  Pre  Cost  Flags   NextHop        Interface
172.16.1.1/32       OSPF   10   2     D       192.168.0.2    GigabitEthernet0/0/0
172.16.2.1/32       OSPF   10   2     D       192.168.0.2    GigabitEthernet0/0/0
172.16.3.0/30       OSPF   10   2     D       192.168.0.2    GigabitEthernet0/0/0
172.16.3.4/30       OSPF   10   2     D       192.168.0.2    GigabitEthernet0/0/0
172.17.0.0/30       OSPF   10   2     D       192.168.0.6    GigabitEthernet0/0/1
172.17.0.4/30       OSPF   10   2     D       192.168.0.6    GigabitEthernet0/0/1
172.17.1.1/32       OSPF   10   2     D       192.168.0.6    GigabitEthernet0/0/1
172.17.2.1/32       OSPF   10   2     D       192.168.0.6    GigabitEthernet0/0/1
```

（5）查看OSPF协议链路状态数据库。

```
<R1>disp ospf lsdb
         OSPF Process 1 with Router ID 192.168.0.1
                 Link State Database

                     Area: 0.0.0.0
Type       LinkState ID    AdvRouter      Age    Len    Sequence    Metric
Router     192.168.0.1     192.168.0.1    639    48     8000000A    1
Router     2.2.2.2         2.2.2.2        640    36     8000000C    1
Router     3.3.3.3         3.3.3.3        638    36     8000000C    1
Network    192.168.0.2     2.2.2.2        640    32     80000008    0
Network    192.168.0.6     3.3.3.3        638    32     80000008    0
Sum-Net    172.16.3.4      2.2.2.2        76     28     80000008    1
Sum-Net    172.16.3.0      2.2.2.2        76     28     80000008    1
Sum-Net    172.16.2.1      2.2.2.2        1663   28     80000007    1
Sum-Net    172.16.1.1      2.2.2.2        1704   28     80000007    1
Sum-Net    172.17.2.1      3.3.3.3        1411   28     80000007    1
Sum-Net    172.17.1.1      3.3.3.3        1624   28     80000007    1
Sum-Net    172.17.0.4      3.3.3.3        1768   28     80000007    1
Sum-Net    172.17.0.0      3.3.3.3        1768   28     80000007    1
```

（二）路由器如何选择路由条目

路由器在选择路由条目并将其添加到路由表中时使用两个参数：度量值和管理距离。

度量值也称metric值，是在路由选择协议算法完成后得到的一个变量值，如跳数、成本、带宽、时延等。每一种路由算法在产生路由表时都会为每一条网络路径产生一个度量值，度量值最小的路径表示最优路径。OSPF路由协议中的度量值为接口开销

（Cost），RIP路由协议中度量值为跳数。

管理距离是指一种路由协议的路由可信度。每一种路由协议按可靠性从高到低，依次分配一个信任等级，这个信任等级就叫管理距离。

当路由器收到相同目的地址的路由条目时，首先比较管理距离，选择管理距离小的路由条目添加到路由表中。如果管理距离相同，则比较度量值，选择度量值小的路由条目添加到路由表中。

当收到目的地址、度量值和管理距离值都相同的路由条目时，路由表中会形成负载均衡的路由条目。

路由器转发数据时按照最长匹配原则选择路由。例如，如果路由表中存在路由条目 172.19.64.0/18、172.19.64.0/24 和 172.19.64.192/27，而目的地址是172.19.64.205，那么最后一个路由条目将被选中。如果路由器没有发现最匹配的路由条目，则通过默认路由进行转发数据，否则它将发送一个目的地址不可达的消息发送给源地址，并把这个数据包丢弃。如果匹配多条等价路由时，则将以负载分担方式选择路由。

注意：

静态路由的管理距离默认是1，度量值是0。

RIP协议的管理距离默认是120，度量值是跳数。

OSPF协议的管理距离默认是110，度量值是接口开销。

（三）RIP协议与OSPF协议的区别

表4-2 RIP与OSPF区别

OSPF	RIPv1	RIPv2
链路状态路由协议	距离矢量路由协议	
没有跳数限制	有跳数限制，超过15跳的路由被认为路由不可达	
支持可变长子网掩码（VLSM）	不支持可变长子网掩码（VLSM）	支持可变长子网掩码（VLSM）
收敛速度快	收敛速度慢	
使用组播发送链路状态更新（组播地址224.0.0.5）	周期性广播更新整个路由表	周期性组播更新整个路由表（组播地址224.0.0.9）

👆 习题强化

1. 根据如图4-28所示网络拓扑，配置单区域OSPF协议，实现主机间通信。

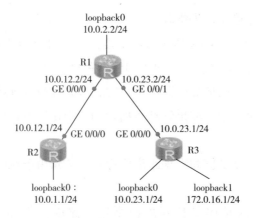

图4-28　单区域OSPF配置网络拓扑

2. 根据如图4-29所示网络拓扑，配置单区域OSPF协议，实现主机间通信。

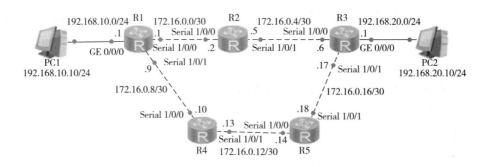

图4-29　单区域OSPF配置网络拓扑

3. 请根据如图4-30所示网络拓扑，完成多区域OSPF协议配置，实现PC主机间通信。

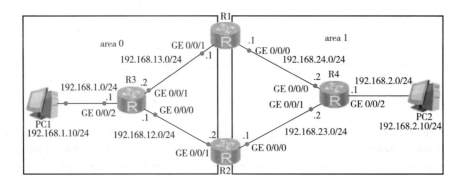

图4-30　多区域OSPF配置网络拓扑

任务 5　DHCP 配置

一、任务描述

某公司局域网规模较小，为防止PC间IP地址冲突，公司决定采用DHCP技术为员工电脑动态分配IP地址。要求动态地址分配范围为 192.168.10.100 ~ 192.168.10.200，网关为 192.168.10.1，DNS服务器地址为 8.8.8.8，IP地址租期设为 12 个小时。网络拓扑如图4-31 所示。如果你是公司网管，请你分别利用接口配置模式和全局配置模式完成DHCP配置。

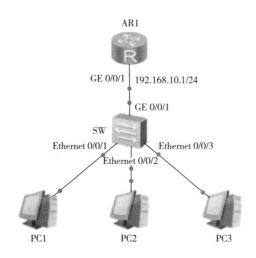

图4-31　DHCP配置实例网络拓扑

二、任务分析

DHCP配置模式分为接口配置模式和全局配置模式。接口配置模式下，动态地址范围为该接口地址所属的网段，并且要执行dhcp select interface命令，选择接口模式。而全局配置模式下，需要单独定义地址池，动态分配的地址范围为地址池定义的网段，且执行dhcp select global命令，选择全局模式。

三、相关知识

（一）DHCP概述

DHCP（Dynamic Host Configuration Protocol动态主机配置协议）是TCP/IP协议族中的一个协议，主要作用是给网络中其他计算机动态分配IP地址。DHCP是一个C/S架构的协议，通过DHCP协议可以让DHCP客户端从服务器获取IP地址等网络信息。

DHCP服务器可以由计算机服务器、路由器和三层交换机实现。由计算机服务器实现时，计算机需要安装TCP/IP协议，并为其设置静态IP地址、子网掩码、默认网关等内容。

1. 分配方式

DHCP服务器提供了三种IP分配方式：自动分配、手动分配和动态分配。

自动分配是当DHCP客户端第一次成功地从DHCP服务器获取一个IP地址后，就永久的使用这个IP地址。

手动分配是由DHCP服务器管理员专门指定的IP地址。

动态分配是当客户端第一次从DHCP服务器获取到IP地址后，并非永久使用该地址，每次使用完后，DHCP客户端就需要释放这个IP，供其他客户端使用。

第三种，即动态分配，是最常见的使用形式。

2. 租约过程

客户端从DHCP服务器获得IP地址的过程叫作DHCP的租约过程。

IP地址的有效使用时间段称为租用期，租用期满之前，客户端必须向DHCP服务器请求继续租用。服务器接受请求后才能继续使用，否则无条件放弃。

3. 工作过程

DHCP工作过程如图4–32所示。

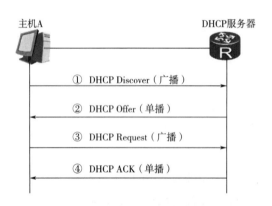

图4–32　DHCP工作过程示意图

第一步：当客户端第一次访问网络时，主机没有任何可用的合法IP地址，将以广播的形式发送DHCP Discover报文寻找DHCP服务器。

第二步：DHCP服务器收到Discover报文后，在其IP池中找寻未被使用的IP地址，以单播的形式发送Offer报文返回给主机，在Offer报文中包含了IP地址数据和Offer信息。

第三步：DHCP客户端收到Offer报文后，会发送一个DHCP Request报文向DHCP服务器请求使用该IP地址。

第四步：DHCP服务器收到Request请求，发送ACK报文（ACK报文包含IP地址和确认信息）确认客户端可以使用该IP地址。

4. DHCP续约机制

当客户端租期即将到期时，会向DHCP服务器请求续约，步骤如下：

第一步：当IP地址租期剩余50%时，客户端发送单播DHCP Request报文向服务器提出续约请求。

第二步：如果续约没成功，客户端则在IP地址租期剩余12.5%时，发送广播DHCP Request报文再次向服务器提出续约请求；

第三步：如果续约请求仍然没成功，客户端将放弃使用现有的IP地址，重新向DHCP服务器请求分配新的IP地址。

（二）DHCP配置模式

DHCP有两种配置模式：全局配置模式和接口配置模式。

全局配置模式：在全局配置模式下可以定义一个或多个全局地址池，全局地址池可以应用于多个接口，并可指定网关。

接口配置模式：在接口配置模式下，网关和地址池都是固定的，网关只能用接口地址作为网关，地址池网段就是接口地址所属的网段，且只能应用于当前接口，不能应用到其他接口。

（三）DHCP配置步骤

1. 接口模式配置步骤

（1）在系统视图模式下，开启DHCP功能。

配置示例：[Huawei]dhcp enable dhcp enable

（2）在接口视图下，开启接口配置模式。

配置示例：[Huawei-GigabitEthernet0/0/1]dhcp select interface

（3）配置接口地址池DNS服务器地址。

配置示例：[Huawei-GigabitEthernet0/0/1]dhcp server dns-list 8.8.8.8

（4）排除不参与分配的地址段。

配置示例：[Huawei-GigabitEthernet0/0/1]dhcp server excluded-ip-address 192.168.10.1 192.168.10.9

（5）配置接口地址池的租期。

配置示例：[Huawei-GigabitEthernet0/0/1]dhcp server lease day 1 hour 0 minute 0

2. 全局模式配置步骤

（1）在系统视图模式下，开启DHCP功能。

配置示例：[Huawei]dhcp enable

（2）在系统视图下，创建全局地址池。

配置示例：[Huawei]ip pool pool-A

（3）配置全局地址池可分配的网段地址。

配置示例：[Huawei- pool-A]network 192.168.10.0 mask 255.255.255.0

（4）配置全局地址池的网关地址。

配置示例：[Huawei- pool-A]gateway-list 192.168.10.1

（5）配置全局地址池的DNS服务器地址。

配置示例：[Huawei- pool-A]dns-list 8.8.8.8 114.114.114.114

（6）配置全局地址池下的租期。

配置示例：[Huawei- pool-A]lease day 1 hour 0 minute 0

（7）排除不参与分配的地址段。

配置示例：[Huawei- pool-A]excluded-ip-address 192.168.10.1 192.168.10.9

（8）在接口视图模式下，开启全局配置模式。

配置示例：[Huanwei-GigabitEthernet0/0/1]dhcp select global

四、任务实施

（一）接口模式

（1）配置AR1接口IP。

（2）在路由器AR1配置DHCP接口模式。

<Huawei>u t m

<Huawei>sys

[Huawei]sys AR1

[AR1]dhcp enable   //开启路由器DHCP功能

[AR1]interface GE0/0/1

[AR1-GigabitEthernet0/0/1]ip address 192.168.10.1 24

[AR1-GigabitEthernet0/0/1]dhcp select interface   //在接口视图下选择DHCP接口配置模式

[AR1-GigabitEthernet0/0/1]dhcp server dns-list 8.8.8.8   //设置接口地址池DNS服务器地址

[AR1-GigabitEthernet0/0/1]dhcp server excluded-ip-address 192.168.10.2 192.168.10.99 //排除不参与分配的地址段

[AR1-GigabitEthernet0/0/1]dhcp server excluded-ip-address 192.168.10.201 192.168.10.254 //排除不参与分配的地址段

[AR1-GigabitEthernet0/0/1]dhcp server lease day 0 hour 12 minute 0   //设置租期为12小时

[AR1-GigabitEthernet0/0/1]quit

[AR1]

（3）验证：PC自动获得IP地址，且在定义的网段范围内如图4-33所示。

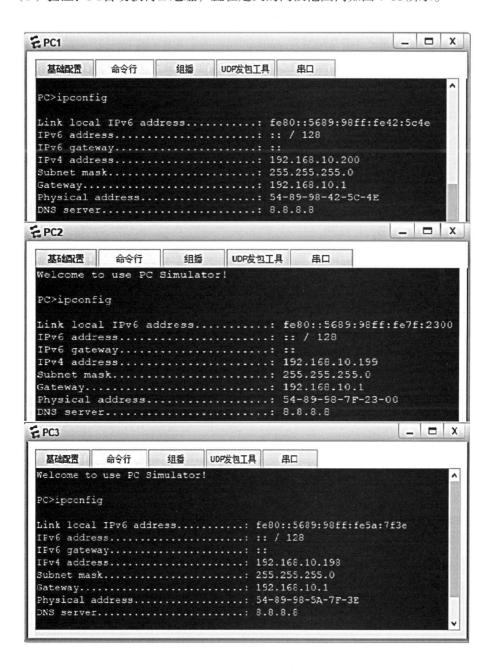

图4-33 接口模式PC配置IP地址信息

（二）全局模式

（1）配置AR1接口IP。

（2）在路由AR1配置DHCP全局模式。

\<Huawei\>sys

[Huawei]sys AR1

[AR1]dhcp enable

[AR1]ip pool quanju　//定义地址池quanju

[AR1-ip-pool-quanju]network 192.168.10.0 mask 24　//设置全局地址池可分配的网段

[AR1-ip-pool-quanju]gateway-list 192.168.10.1　//配置网关，网关即接口IP

[AR1-ip-pool-quanju]dns-list 8.8.8.8　　　　　//配置DNS服务器地址

[AR1-ip-pool-quanju]lease day 0 hour 12 minute 0　//设置租期为12小时

[AR1-ip-pool-quanju]excluded-ip-address 192.168.10.2 192.168.10.99　//排除不参与分配的IP

[AR1-ip-pool-quanju]excluded-ip-address 192.168.10.201 192.168.10.254　//排除不参与分配的IP

[AR1-ip-pool-quanju]quit

[AR1]interface GE0/0/1

[AR1-GigabitEthernet0/0/1]dhcp select global　//在接口视图下选择全局模式

[AR1-GigabitEthernet0/0/1]quit

[AR1]

（3）验证：PC自动获得IP地址，且在定义的网段范围内。

五、知识拓展

DHCP中继

DHCP中继又称为DHCP中继代理，是指通过从其他网段的 DHCP 服务器中动态获取本网段的 IP 地址所采用的方式。通过DHCP中继能够实现在不同子网和物理网段之间处理和转发DHCP信息的功能。

如果DHCP客户机与DHCP服务器在同一个物理网段，则客户机可以正确地获得动态分配的IP地址。如果不在同一个物理网段，则需要DHCP中继代理。

DHCP中继代理过程如下：

（1）DHCP客户机申请IP地址，发送DHCP Discover包。

（2）中继代理收到该包，并转发给另一个网段的DHCP服务器。

（3）DHCP服务器收到该包，将DHCP Offer包发送给中继代理。

（4）中继代理将地址信息（DHCP Offer）转发给DHCP客户端。

（5）DHCP Request包从客户机通过中继代理转发到DHCP服务器，DHCPACK消息从服务器通过中继代理转发到客户机，完成动态地址分配。

DHCP中继代理配置示例如下：

示例要求：PC1、PC4 在VLAN100，PC2、PC3 在VLAN200，它们对应网关分别为

192.168.100.1 和 192.168.200.1。DHCP Server路由器通过VLAN300 与交换机SW–A连接，现在要求VLAN100 和VLAN200 的主机能够从DHCP Server路由器自动获取IP地址，租期2天。网络拓扑如图4–34所示。

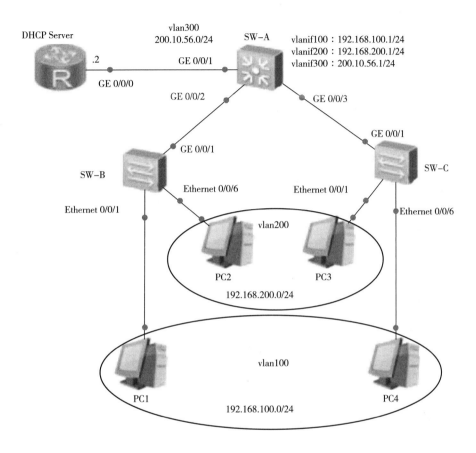

图4–34　DHCP中继代理配置实例网络拓扑

配置步骤如下：

（1）在SW–A划分VLAN100、VLAN200、VLAN300，并配置管理VLAN，配置OSPF协议。

<Huawei>u t m

<Huawei>sys

[Huawei]sys SW–A

[SW–A]vlan batch 100 200 300

[SW–A]interface GE0/0/2

[SW–A–GigabitEthernet0/0/2]port link–type trunk

[SW–A–GigabitEthernet0/0/2]port trunk allow vlan all

[SW-A-GigabitEthernet0/0/2]interface GE0/0/3

[SW-A-GigabitEthernet0/0/3]port link-type trunk

[SW-A-GigabitEthernet0/0/3]port trunk allow vlan all

[SW-A-GigabitEthernet0/0/3]interface GE0/0/1

[SW-A-GigabitEthernet0/0/1]port link-type access

[SW-A-GigabitEthernet0/0/1]port default vlan 300

[SW-A-GigabitEthernet0/0/1]interface vlan 100

[SW-A-VLANif100]ip address 192.168.100.1 24

[SW-A-VLANif100]interface vlan 200

[SW-A-VLANif200]ip address 192.168.200.1 24

[SW-A-VLANif200]interface vlan 300

[SW-A-VLANif300]ip address 200.10.56.1 24

[SW-A-VLANif300]quit

[SW-A]ospf 1

[SW-A-ospf-1]area 0

[SW-A-ospf-1-area-0.0.0.0]network 192.168.100.0 0.0.0.255

[SW-A-ospf-1-area-0.0.0.0]network 192.168.200.0 0.0.0.255

[SW-A-ospf-1-area-0.0.0.0]network 200.10.56.0 0.0.0.255

[SW-A-ospf-1-area-0.0.0.0]return

<SW-A>

（2）SW-B、SW-C划分VLAN100、VLAN200，并配置相应接口。

<Huawei>u t m

<Huawei>sys

[Huawei]sys SW-B

[SW-B]vlan batch 100 200

[SW-B]interface GE0/0/1

[SW-B-GigabitEthernet0/0/1]port link-type trunk

[SW-B-GigabitEthernet0/0/1]port trunk allow vlan all

[SW-B-GigabitEthernet0/0/1]interface Ethernet0/0/1

[SW-B-Ethernet0/0/1]port link-type access

[SW-B-Ethernet0/0/1]port default vlan 100

[SW-B-Ethernet0/0/1]interface Ethernet0/0/6

[SW-B-Ethernet0/0/6]port link-type access

[SW-B-Ethernet0/0/6]port default vlan 200

[SW–B–Ethernet0/0/6]quit

[SW–B]

SW–C与SW–B配置相同

（3）配置DHCP Server路由器接口IP，并配置OSPF协议。

<Huawei>u t m

<Huawei>sys

[Huawei]sys DHCPServer

[DHCPServer]interface GE0/0/0

[DHCPServer–GigabitEthernet0/0/0]ip address 200.10.56.2 24

[DHCPServer–GigabitEthernet0/0/0]quit

[DHCPServer]ospf 1

[DHCPServer–ospf–1]area 0

[DHCPServer–ospf–1–area–0.0.0.0]network 200.10.56.0 0.0.0.255

[DHCPServer–ospf–1–area–0.0.0.0]quit

[DHCPServer–ospf–1]quit

[DHCPServer]

（4）在DHCP Server路由器配置地址池pool–100、pool–200，分别作为VLAN100、VLAN200主机地址池。

[DHCPServer]dhcp enable

[DHCPServer]ip pool pool–A

[DHCPServer–ip–pool–pool–A]network 192.168.100.0 mask 24

[DHCPServer–ip–pool–pool–A]gateway–list 192.168.100.1

[DHCPServer–ip–pool–pool–A]dns–list 114.114.114.114

[DHCPServer–ip–pool–pool–A]lease day 2

[DHCPServer–ip–pool–pool–A]quit

[DHCPServer]ip pool pool–200

[DHCPServer–ip–pool–pool–200]network 192.168.200.0 mask 24

[DHCPServer–ip–pool–pool–200]gateway–list 192.168.200.1

[DHCPServer–ip–pool–pool–200]dns–list 114.114.114.114

[DHCPServer–ip–pool–pool–200]lease day 2

[DHCPServer–ip–pool–pool–200]quit

[DHCPServer]interface GE0/0/0

[DHCPServer–GigabitEthernet0/0/0]dhcp select global //在g0/0/0 接口选择DHCP全局模式

[DHCPServer-GigabitEthernet0/0/0]quit

[DHCPServer]

（5）在SW-A交换机VLAN100、VLAN200接口下配置中继代理。

[SW-A]dhcp enable

[SW-A]inter VLAN 100

[SW-A-VLANif100]dhcp select relay //在VLAN100虚拟接口下配置DHCP中继代理

[SW-A-VLANif100]dhcp relay server-ip 200.10.56.2 //配置中继代理服务器IP

[SW-A-VLANif100]inter VLAN 200

[SW-A-VLANif200]dhcp select relay

[SW-A-VLANif200]dhcp relay server-ip 200.10.56.2

[SW-A-VLANif200]quit

[SW-A]

（6）验证结果如图4-35所示。

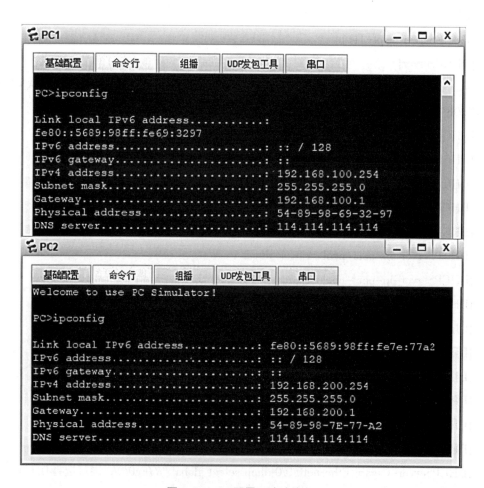

图4-35　PC配置IP地址信息

习题强化

1.某公司计算机经常出现"IP地址冲突"问题，为了便于IP地址管理，请你应用三层交换机实现IP地址动态分配。动态IP地址范围：192.168.1.10～192.168.1.253，租期 1天。网络拓扑如图4-36所示。

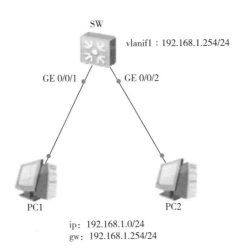

图4-36　三层交换机DHCP配置网络拓扑

2.根据如图 4-37 所示网络拓扑，在路由器R1 上配置DHCP服务，实现主机动态获取IP，动态IP地址范围：192.168.1.10～192.168.1.100，租期1天。

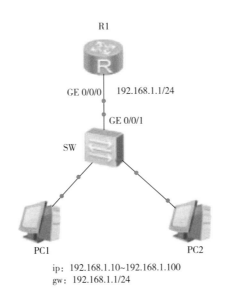

图4-37　路由器DHCP配置网络拓扑

3. 如图 4-38 所示网络拓扑，PC1、PC4 在VLAN10，PC2、PC3 在VLAN20，主机能够动态获取地址，VLAN10、VLAN20 主机地址池分别是 192.168.10.0/24、192.168.20.0/24，IP租期为 2 天，主DNS服务器地址为 114.114.114.114，备份DNS服务器地址为8.8.8.8，请你应用接口配置模式完成DHCP配置。

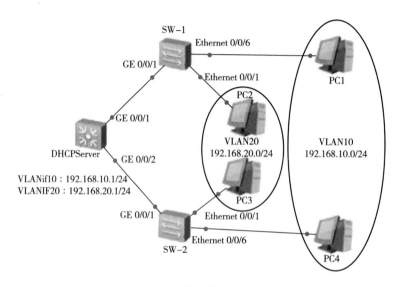

图4-38　DHCP接口模式配置网络拓扑

4. 某公司办公主机由DHCP服务器动态分配IP，网关为 172.16.10.1/24，地址池为 172.16.10.0/24，DHCP服务器所在网段与动态IP不在同一网段，请你通过中继代理完成 DHCP配置。网络拓扑如图4-3 9 所示。

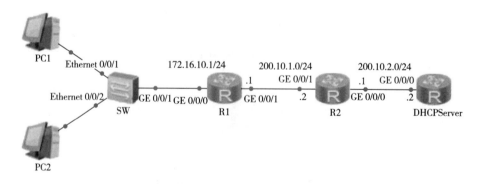

图4-39　DHCP中继代理配置网络拓扑

项目知识结构

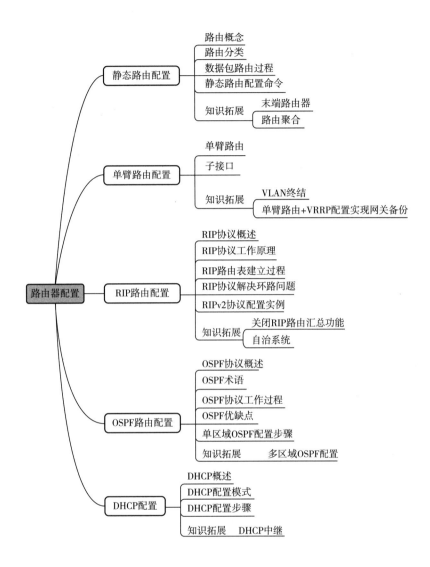

项目5　网络安全与管理

随着计算机网络技术的快速发展以及电子银行、电子商务和电子政务的广泛应用，计算机网络已深入到人们生活、工作的各方面以及国家经济、政治、文化和国防建设的各个领域。但随着计算机网络技术的发展，很多敏感信息，甚至是国家机密经常会受到窃取、篡改，企业或政府等部门服务器也经常受到病毒、黑客的攻击。美国商业杂志《信息周刊》公布的一项调查报告称，黑客攻击和病毒等安全问题每年造成上万亿美元的经济损失，在全球范围内每秒钟就发生多起网络攻击事件。如何更有效地保护重要的信息数据、提高计算机网络安全，已经成为网络应用必须考虑和解决的一个重要问题。在本项目中，我们将学习网络安全与管理。

👆 项目分析

计算机网络安全既涉及硬件安全，又涉及软件系统和数据安全。广义上，凡是涉及网络信息的保密性、完整性、可用性、真实性和可控性的问题，都属于网络安全问题。本项目主要从网络端口保护、访问控制、NAT地址转换和防火墙等几个方面探讨网络安全。维护网络信息安全，评估与加固网络系统，保障终端、系统、网络与信息的安全性、完整性和可用性是一名网管人员或网络工程师的重要岗位职责。

👆 知识目标

- 了解如何保障交换机端口安全。
- 理解NAT转换、ACL访问控制列表。
- 掌握端口保护配置方法。
- 掌握ACL、NAT配置步骤。
- 了解防火墙的功能，掌握防火墙基本功能的配置。

👆 **能力目标**

- 学会交换机端口安全配置。
- 能够熟练应用ACL访问控制列表。
- 能够应用多种NAT转换技术实现内网地址转换为公网地址。
- 能够完成防火墙基本配置。

👆 **素养目标**

- 培养学生国家安全意识。
- 加强学生爱国主义教育。
- 培养学生大国工匠精神。

任务1 端口安全配置

一、交换机端口镜像

（一）任务描述

某公司内部网络时常有问题发生，为了尽快找到问题主机，加强主机管理，请你采取端口镜像技术监听交换机其他端口，以便进行数据分析，确定问题主机。假设交换机GE0/0/2为镜像端口，GE0/0/1为观察端口。网络拓扑如图5-1所示。

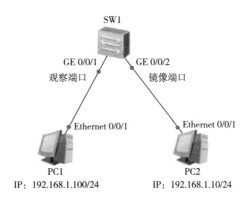

图5-1 端口镜像实例网络拓扑

（二）任务分析

在网络运营与维护中，网络管理员为了监测业务数据，定位网络故障，需要通过端口镜像的方式对其他端口进行监控。在本任务中，GE0/0/1配置为观察端口，GE0/0/2

配置为镜像端口，由于要求把交换机GE0/0/2接口的流量镜像到接口GE0/0/1，则需要把GE0/0/2接口接收或发送报文的方向绑定到GE0/0/1接口。

（三）相关知识

1. 端口镜像概述

端口镜像是指将经过指定端口（源端口或者镜像端口）的报文复制一份到另一个指定端口（目的端口或者观察端口）。在网络运营与维护的过程中，网络管理员可以通过观察端口获取业务设备上的业务报文并进行分析，以便于业务监测与故障定位。

端口镜像通过配置镜像组的方式实现，设备将一个或多个源端口的报文复制到本设备的一个目的端口，方便用户对报文进行分析和监视。其中，源端口和目的端口必须在同一台设备上。端口镜像如图5-2所示。

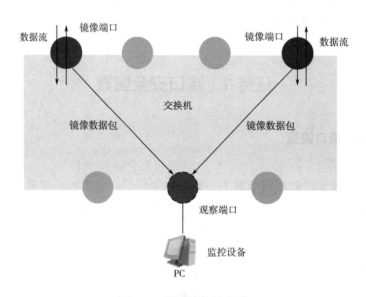

图5-2 端口镜像示意图

在进行端口镜像配置时应注意以下要点：

（1）如果一个目的端口镜像多个源端口的流量，目的端口必须与源端口同在一个VLAN。

（2）目的端口不能是端口聚合组成员。

（3）目的端口的吞吐量如果小于源端口吞吐量的总和，则目的端口无法完全复制源端口的流量。解决方式包括减少源端口的个数、复制单向的流量，或者选择吞吐量更大端口作为目的端口。

2. 端口镜像配置步骤

（1）将交换机连接监控设备的端口配置成观察端口。配置示例：[SW-1]observe-port 1 interface GE0/0/1，把接口GE0/0/1配置为观察端口。

（2）将待镜像的报文流经的端口配置成镜像端口，将这个端口接收或发送报文的方向绑定到观察端口。配置示例：[SW-1-GigabitEthernet0/0/2]port-mirroring to observe-port 1 inbound，将接口GE0/0/2接收报文的方向绑定到观察端口1。

（3）在监控设备上启动监控软件（比如WireShark软件），获取镜像报文。

（四）任务实施

（1）配置PC。

（2）配置交换机接口，把交换机接口GE0/0/2镜像到接口GE0/0/1。

[SW1]observe-port 1 interface GE0/0/1　　//设置GE0/0/1为观察口1

[SW1]inter GE0/0/2

[SW1-GigabitEthernet0/0/2]port-mirroring to observe-port 1 inbound　//设置当前接口GE0/0/2为镜像接口，把镜像端口入数据流方向绑定到观察端口1

（3）查看镜像配置。

```
[sw1]disp mirror-port
Port-mirror:
---------------------------------------------------------------------
Mirror-port          Direction        Observe-port
---------------------------------------------------------------------
GigabitEthernet0/0/2  Both            GigabitEthernet0/0/1
---------------------------------------------------------------------
```

二、交换机端口隔离

（一）任务描述

某公司内部网络有销售部和财务部，销售部和财务部主机均在同一VLAN内，现要求销售部和财务部之间主机隔离，但部门内主机可以相互通信。根据要求完成交换机配置，实现不同部门间主机隔离。网络拓扑如图5-3所示。

（二）任务分析

所有主机均在默认VLAN内，任务要求销售部与财务部间主机隔离，同部门内主机相互通信，这就需要应用端口隔离技术，把相应端口加入到端口隔离组，实现端口隔离组内的端口相互隔离。本任务只需在交换机SW1开启二层隔离三层通信隔离模式，配置交换机SW1的接口E0/0/1与接口E0/0/2为一个端口隔离组即可实现任务要求。若各部门内部直连交换机端口未配置端口隔离，不影响部门内主机间的通信。

（三）相关知识

1.端口隔离概述

为了实现报文之间的二层隔离，用户可以将不同的接口加入不同的VLAN，但这样会浪费有限的VLAN资源。采用端口隔离功能，可以实现同一VLAN内端口之间的隔离。用户只需要将端口加入隔离组中，就可以实现隔离组内端口之间二层数据隔离。端口隔离功能为用户提供了更安全、更灵活的组网方案。

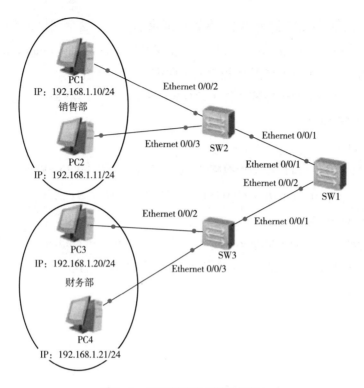

图5-3　端口隔离实例网络拓扑

如果用户希望隔离同一VLAN内的广播报文，但是不同接口下的用户还可以进行三层通信，则可以将隔离模式设置为二层隔离三层互通；如果用户希望同一VLAN不同接口下的用户彻底无法通信，则可以将隔离模式配置为二层三层均隔离即可。

端口隔离包括双向隔离和单向隔离，双向隔离表示双方均隔离，不能传输数据；单向隔离则允许一方向另一方传输数据，反之则不能。缺省情况下，端口隔离模式是二层隔离三层互通，若需要配置二三层都隔离，则可以执行命令port-isolate mode all。

端口隔离技术可以避免广播风暴，节约VLAN资源，提高用户之间的安全性。使用隔离技术后，隔离端口之间就不会产生单播、广播和组播，病毒也不会在隔离计算机之间传播，对ARP病毒效果尤其明显。端口隔离是基于端口的，与MAC地址、IP地址以及数据包的结构没有关系。

2. 端口隔离配置步骤

（1）单向隔离配置。

①系统视图下配置端口隔离模式。配置示例：port-isolate mode l2 // l2表示二层隔离，三层通信，all则表示二层三层全部隔离，缺省情况下，端口隔离模式为l2。

②在接口视图下，配置当前端口单向隔离。配置示例：am isolate GE0/0/1 //表示当前接口与接口GE0/0/1单向隔离，从当前接口发送的报文不能到达接口GE0/0/1，但从接

口GE0/0/1发送的报文可以到达当前接口。

（2）双向端口隔离。

①系统视图下配置端口隔离模式，配置示例：port-isolate mode l2　//配置隔离模式为二层隔离。

②在接口视图下，启动端口隔离功能。配置示例：port-isolate enable group 2　//开启端口，并把当前端口加入到端口组2。缺省情况下，端口组为1，且未开启端口隔离功能。

（四）任务实施

（1）配置PC，实现全网通。

（2）配置交换机SW1的接口Ethernet0/0/1与接口Ethernet0/0/2为一个端口隔离组。

```
<Huawei>u t m

<Huawei>sys

[Huawei]sys SW1

[SW1]port-isolate mode l2 //配置端口隔离模式为l2

[SW1]inter face Ethernet0/0/1

[SW1-Ethernet0/0/1]port-isolate enable group 2 //把接口E0/0/1加入到端口隔离组2

[SW1-Ethernet0/0/1]inter face Ethernet0/0/2

[SW1-Ethernet0/0/2]port-isolate enable group 2 //把接口E0/0/2加入到端口隔离组2

[SW1-Ethernet0/0/2]quit

[SW1]
```

（3）验证：PC1能够ping通PC2，而ping不通PC3和PC4。

（4）查看隔离组。

```
[SW1]disp port-isolate group 2
    The ports in isolate group 2:
Ethernet0/0/1    Ethernet0/0/2
```

三、接口备份

（一）任务描述

某公司局域网通过路由器R4连接外网，在正常工作状态下，通过R1的GE0/0/1接口承载业务数据传输，当GE0/0/1接口发生故障，状态变为Down时，系统将自动切换业务到接口GE0/0/2上，以确保业务的正常传送，提高设备的可靠性。接口GE0/0/2承载业务后，当接口GE0/0/1恢复正常10秒后，业务又切换到接口GE0/0/1。请你通过配置交换机主备接口备份实现相关要求。网络拓扑如图5-4所示。

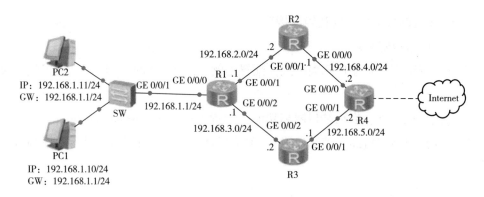

图5-4　主备接口备份配置实例网络拓扑

（二）任务分析

根据任务描述，需要在R1配置主备接口备份，其中R1的GE0/0/1接口为主接口，GE0/0/2为备份接口，主接口出现故障后10秒，业务切换到备份接口，或当备份接口承载业务后，主接口故障修复后10秒，备份接口切换到主接口。

（三）相关知识

1. 接口备份概述

接口备份是指同一台设备的指定接口之间形成备份关系，当某个接口出现故障或带宽不足而导致业务传输无法正常进行时，可以将流量快速切换到备份接口，由备份接口来承担业务传输或分担网络流量，提高数据设备通信的可靠性。

接口备份又分为主备接口备份和负载分担接口备份。

在主备接口备份配置中，配置一个主接口，一个或若干个备份接口，当主接口发生故障时，业务会及时切换到备份接口，以保证业务无中断传输。主备接口备份如图5-5所示。

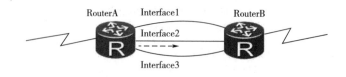

图5-5　主备接口备份示意图

负载分担接口备份则是在主接口下配置备份接口，系统定时检测主接口流量是否超过设置的流量门限。当主接口流量超过负载分担门限的上限阈值时，优先级最高的可用备份接口将被启用，同主接口一起传输业务，进行负载分担。若负载分担后流量还是超过上限阈值，优先级次高的另一个可用的备份接口将被启用，进行负载分担，以此类推，直至启用了所有的备份接口。若负载分担过程中流量低于设定的下限阈值，优先级最低的在用备份接口将被关闭。以此类推，直至仅有主接口承担业务流量。负载分担接口备份如图5-6所示。

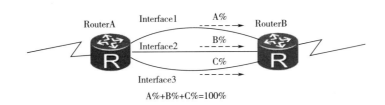

图5-6　负载分担接口备份示意图

2. 接口备份配置步骤

（1）配置主备接口备份。

①进入主接口。配置示例：interface GE0/0/0 //进入主接口GE0/0/0。

②配置备份接口及其优先级。配置示例：standby interface GE0/0/1 100 //配置GE0/0/1为备份接口，优先级为100，优先级取值范围是0～255，优先级数值越大，优先级越高，缺省值为0。若有多个备份接口，可重复执行该命令。

③查看主备接口状态信息。配置示例：display standby state。

（2）配置负载分担接口备份。

①进入主接口。配置示例：interface GE0/0/0 //进入主接口GE0/0/0。

②配置备份接口及其优先级。配置示例：standby interface GE0/0/1 100 //配置GE0/0/1为备份接口，优先级为100，若有多个备份接口，可重复执行该命令。

③配置负载分担百分比门限。配置示例：standby threshold 80 10 //第一个数值表示上限阈值，第二个数值表示下限阈值，超过上限阈值启动备份接口，超过下限阈值，关闭备份接口。

④查看主备接口及负载分担的状态。配置示例：display standby state。

（四）任务实施

（1）配置PC及路由器接口IP。

（2）在路由器上配置OSPF协议，实现全网通。

（3）配置GE0/0/1接口为主接口，GE0/0/2为备份接口。

[R1]interface GE0/0/1

[R1-GigabitEthernet0/0/1]standby interface GE0/0/2 //配置GE0/0/2为备份接口，默认优先级

[R1-GigabitEthernet0/0/1]standby timer delay 10 10 //配置主备接口切换延时，主接口切换到备份接口和备份接口切换到主接口的切换延时均为10秒，默认延时为5秒。

（4）验证：查看主备接口状态信息。

```
[R1]disp standby state
          Interface    Interfacestate    Backupstate    Backupflag    Pri    Loadstate
GigabitEthernet0/0/1    UP                MUP            MU
GigabitEthernet0/0/2    STANDBY           STANDBY        BU             0

Backup-flag meaning:
M---MAIN    B---BACKUP    V---MOVED    U---USED
D---LOAD    P---PULLED    G---LOGICCHANNEL
```

四、交换机端口安全保护

（一）任务描述

如图 5-7 所示，PC1、PC2、PC3 通过接入设备连接公司网络。为了提高用户接入的安全性，要求主机PC1、PC2、PC3 的MAC地址动态绑定到接口，并限制接口学习MAC地址数的上限为 1，这样其他外来人员使用自己带来的PC无法访问公司的网络，确保了公司网络安全。假如你是该公司网管，请你完成端口安全保护相关配置。

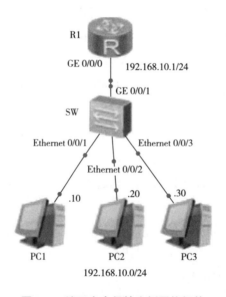

图5-7 端口安全保护实例网络拓扑

（二）任务分析

在企业、机关、学校等单位局域网中，经常有外来用户未经授权接入单位局域网，造成网络安全隐患。为防止非法用户随意接入局域网，在接入层交换机端口配置端口安全保护是最常用的网络安全管理策略。根据任务描述，可以在交换机SW开启端口安全功能，动态绑定主机MAC，并设置接口学习MAC地址数的上限为 1，当外来非法用户接入交换机端口时，交换机端口则直接丢弃报文，不转发、不告警。

（三）相关知识

1. 端口安全保护概述

端口安全（Port Security）通过将接口学习到的动态MAC地址转换为安全MAC地址，阻止非法用户通过本接口和交换机通信，从而增强设备的安全性，安全动态地址包括安全动态、MAC地址、安全静态、MAC地址和Sticky MAC地址。。

安全动态MAC地址：配置接口安全但未配置Sticky MAC功能的动态MAC地址称为安全动态MAC地址，其特点是设备重启后MAC地址表项丢失，需要重新学习，缺省情况下不会被老化，只有在配置安全MAC的老化时间后才可以被老化。

安全静态MAC地址：在配置接口安全的情况下，手工配置的静态MAC地址称为安全静态MAC地址，其特点是不会被老化，手动保存配置后重启MAC地址表项不会丢失。

Sticky MAC地址：配置接口安全同时又配置Sticky MAC功能后，接口当前的安全动态MAC地址、之后学习到的动态MAC地址转换为Sticky MAC地址。其特点是不会被老化，手动保存配置后重启设备MAC地址表项不会丢失。

为了防止非法用户攻击，可以限制交换机接口学习MAC地址数量，当接口上安全MAC地址数达到限制后，如果收到源MAC地址不存在的报文，无论目的MAC地址是否存在，交换机都认为非法用户攻击，就会根据配置的动作对接口做保护处理。端口安全的保护动作分为restrict、protect、shutdown。

restrict: 丢弃源MAC地址不存在的报文并上报告警。缺省情况下，保护动作是restrict。

protect: 只丢弃源MAC地址不存在的报文，不上报告警。

shutdown: 接口状态被置为error-down，并上报告警。缺省情况下，接口关闭后不会自动恢复，只能由网络管理人员在接口视图下使用restart命令重启接口进行恢复。

端口安全保护经常应用在接入层和汇聚层。

应用于接入层设备时，通过配置端口安全可以防止仿冒用户从其他端口攻击。如图5-8所示，用户PC1、PC2、PC3通过接入设备SW接入互联网，为了保证接入设备安全性，可以在接入设备SW的接口上配置端口安全功能，并限制交换机学习MAC地址数量，以防止非法用户攻击。

在配置端口安全功能时，如果接入用户变动比较频繁，可以通过端口安全把动态MAC地址转换为安全动态MAC地址。这样可以在用户变动时，及时清除绑定的MAC地址表项。

如果接入用户变动较少，可以通过端口安全把动态MAC地址转换为Sticky MAC地址。这样在保存配置重启后，绑定的MAC地址表项不会丢失。

如果接入用户变动较少，且数量较少的情况下，可以通过配置为安全静态MAC地址，实现MAC地址表项的绑定。

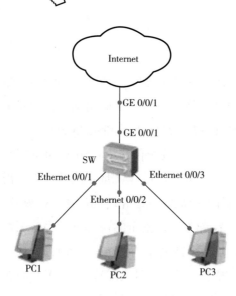

图5-8　端口安全保护应用于接入层设备

应用于汇聚层设备时，通过配置端口安全可以控制接入用户的数量。如图5-9所示，多个用户通过接入层交换机SW-1和SW-2接入到汇聚层交换机core，并通过core连接互联网。为了确保汇聚设备的安全性，控制接入用户的数量，可以在汇聚设备配置端口安全功能，同时指定安全MAC地址的限制数。

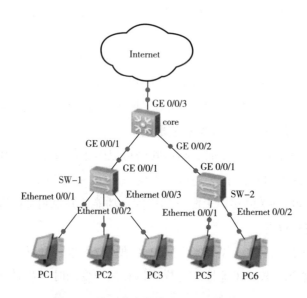

图5-9　端口安全保护应用于汇聚层设备

2. 端口安全保护配置步骤

（1）在接口视图下开启端口安全功能。配置示例：[Huawei-G0/0/1]port-security enable。

（2）配置端口安全动态MAC学习限制数量。配置示例：[Huawei-G0/0/1] port-security max-mac-num 2，配置接口G0/0/1安全动态MAC学习限制数量为2，缺省情况下，接口学习的安全MAC地址限制数量为1。

（3）手动绑定安全静态MAC地址表项。配置示例：[Huawei-G0/0/1]port-security mac-address mac-address VLAN *VLAN-id*，手动绑定MAC地址。

（4）配置端口安全保护动作。配置示例：[Huawei-G0/0/1] port-security protect-action shutdown，配置端口安全保护动作为shutdown，缺省情况下，保护动作是restrict。

（5）查看安全MAC地址。配置示例：display mac-address security，查看安全动态MAC表项。

（四）任务实施

（1）配置PC、路由接口IP。

（2）配置Ethernet0/0/1接口的端口安全功能，Ethernet0/0/2、Etherntet0/0/3端口安全功能同Ethernet0/0/1配置。

[SW]interface Ethernet0/0/1

[SW-Ethernet0/0/1]port-security enable //开启端口安全功能

[SW-Ethernet0/0/1]port-security mac-address sticky //开启Sticky MAC功能，开启此功能后重启交换机，MAC地址表项不会丢失

[SW-Ethernet0/0/1]port-security max-mac-num 1 //设置端口学习MAC最大上限数量为1

[SW-Ethernet0/0/1]port-security protect-action protect //配置保护动作为protect，直接丢包

（3）验证配置结果，将PC1、PC2、PC3换成其他设备，无法访问公司网络。

（4）查看Sticky MAC地址状态。

```
[SW]disp mac-address sticky
MAC address table of slot 0:

------------------------------------------------------------------------------
MAC Address    VLAN/  PEVLAN  CEVLAN   Port     Type    LSP/LSR-ID   VSI/SI   MAC-Tunnel
------------------------------------------------------------------------------
5489-988d-51a0  1       -       -      Eth0/0/3  sticky      -
5489-9861-67cc  1       -       -      Eth0/0/1  sticky      -
5489-98aa-01d6  1       -       -      Eth0/0/2  sticky      -
------------------------------------------------------------------------------
Total matching items on slot 0 displayed = 3
```

（五）知识拓展

端口+MAC+IP绑定。端口+MAC+IP绑定是指通过在设备上建立MAC、IP与端口绑定表项，实现对报文的过滤控制。该功能适用于防御主机仿冒攻击，可有效过滤攻击者通过仿冒合法用户主机的IP地址或者MAC地址向设备发送的伪造IP报文。

端口+MAC+IP绑定配置示例如下：

示例要求：为了防止非法用户冒名连接内部交换机，要求PC1、PC2的MAC、IP均绑定到当前交换机端口，请你完成相关配置。网络拓扑如图5-10所示。

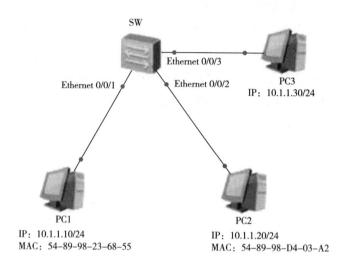

图5-10　端口+MAC+IP绑定配置实例网络拓扑

配置步骤如下：

（1）配置主机IP。

（2）配置端口安全功能，并配置sticky MAC。

[SW]interface Ethernet0/0/1

[SW-Ethernet0/0/1]port-security enable

[SW-Ethernet0/0/1]port-security mac-address sticky

[SW-Ethernet0/0/1]interface Ethernet0/0/2

[SW-Ethernet0/0/2]port-security enable

[SW-Ethernet0/0/2]port-security mac-address sticky

[SW-Ethernet0/0/2]quit

[SW]

（3）在全局模式下配置端口+MAC+IP绑定。

[SW]user-bind static ip-address 10.1.1.10 mac-address 5489-9823-6855 interface E0/0/1 //绑定MAC、IP地址于端口E0/0/1

[SW]user-bind static ip-address 10.1.1.20 mac-address 5489-98D4-03A2 interface E0/0/2

（4）验证：更改IP或更换PC均不能通信，但修改IP后，必须重启主机才能生效。

👆 **习题强化**

1. 如图 5-11 所示网络拓扑，主机 mirror-1、mirror-2 分别连接 SW3 的 GE0/0/1、GE0/0/2 接口，主机 observer 连接至 SW3 的 GE0/0/3 接口，现预通过主机 observer 观察主机 mirror-1、mirror-2 收发数据流，请利用端口镜像技术完成相关配置。

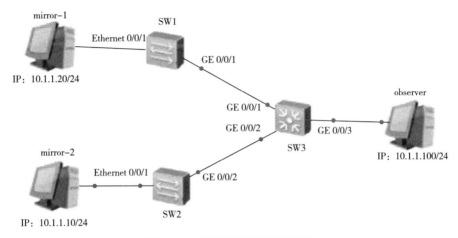

图 5-11　端口镜像配置网络拓扑

2. 如图 5-12 所示网络拓扑，PC1 和 PC2 分别某公司客户，PC3 代表本公司销售经理，公司希望在节省 VLAN 资源的前提下实现本公司销售经理和公司客户之间可以相互通信，但是公司客户之间无法通信。请利用端口隔离技术完成相关配置。

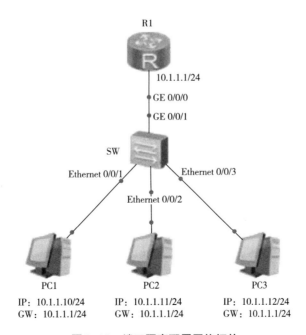

图 5-12　端口隔离配置网络拓扑

3. 如图 5-13 所示网络拓扑，LAN1、LAN2 两个局域网通过路由器AR1 和AR2 相互通信，为了实现网络安全，要求在AR1 上配置GE0/0/0 为主接口，GE0/0/1 和GE0/0/2 为GE0/0/0 的备份接口，且GE0/0/1 的优先级较高，当主接口出现故障时，GE0/0/1 优先提供备份服务。主接口与备份接口切换延时设置为 10 秒，避免主备接口频繁切换而导致网络震荡。请根据要求完成主备接口备份。

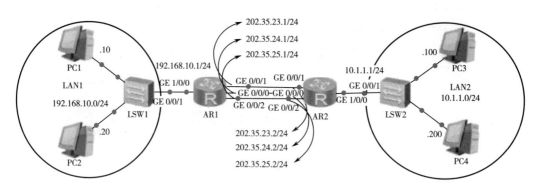

图5-13　主备接口备份配置网络拓扑

4. 根据图 5-13 所示网络拓扑，主接口为AR1 的GE0/0/0，AR1 的GE0/0/1、GE0/0/2 作为备份接口，当主接口流量超过 80%时，启动备份接口，当主接口流量低于流量的 20%时，关闭备份接口，且GE0/0/1、GE0/0/2 优先级分别为 200、100。设置主接口的可用带宽为1000mbps。请应用负载分担接口备份技术完成相关配置。

任务 2　ACL 配置

一、任务描述

某公司有生产部、销售部、财务部等部门，公司搭建FTP server，通过路由器AR 的GE2/0/1 接口与外网连接。为了公司网络安全，需要满足以下要点：生产部主机不能访问财务部主机；不允许生产部主机在非工作日与其他网络通信，也不能访问FTP Server，销售部、财务部在正常工作日的 8:00 ～ 18:00 不能访问外网。如果你是公司网管，请利用ACL技术实现相关要求。网络拓扑如图5-14所示。

二、任务分析

ACL分为基本ACL和高级ACL。基本ACL根据源IP地址进行过滤，而高级ACL则可以根据源IP地址、目的IP地址、IP协议号、端口号等进行过滤。在本次任务中，生产部主机不能访问财务部主机，不能访问FTP服务器，这就需要根据目的IP地址、端口号进行过滤，因此需要应用高级ACL。不允许生产部主机在非工作日与其他网络通信，则可根据源IP地址，应用基本ACL实现相关要求。对于销售部、财务部在正常工作日的8:00～18:00不能访问外网，则应用高级ACL实现，并配置ACL生效时间。

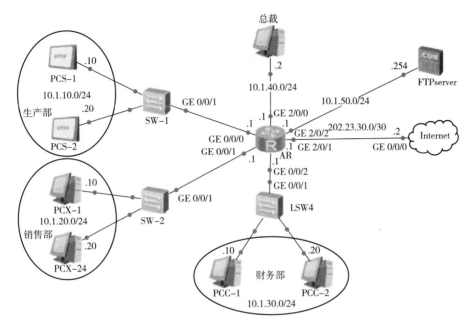

图5-14 ACL配置实例网络拓扑

三、相关知识

（一）ACL概述

1. ACL的概念

ACL（Access Control List，访问控制列表）由一系列规则组成，这些规则是一组描述报文匹配条件的判断语句。这些条件可以是报文的源IP地址、目的IP地址、端口号等。ACL是一种基于包过滤的访问控制技术，可以根据设定的条件对接口上的数据包进行过滤，允许其通过或丢弃。ACL广泛应用于路由器和三层交换机。借助于ACL可以有效控制用户对网络的访问，从而最大程度地保障网络安全。

2. ACL的工作过程

当一个数据包进入一个路由器接口，路由器首先检查这个数据包是否可路由。如果可以路由，路由器接着检查这个接口是否有ACL控制。如果有，根据ACL中的条件指令检查这个数据包。如果数据包是允许通过的，就查询路由表，决定数据包的目标接口。

路由器还会检查目标接口是否存在ACL控制。若不存在，这个数据包就直接发送到目标接口。若存在，就根据ACL规则进行数据包过滤，执行接收或丢弃操作。

当ACL处理数据包时，一旦数据包与某条ACL语句匹配，则会跳过列表中剩余的其他语句，根据该条匹配的语句内容决定允许还是拒绝该数据包。如果数据包内容与ACL语句不匹配，那么将依次使用ACL列表中的下一条语句测试数据包。该匹配过程会一直继续，直到抵达列表末尾。最后一条隐含的语句适用于不满足之前任何条件的所有数据包。最后这条语句通常为"deny any"或"permit any"语句。

3. ACL的组成

一条ACL是由一组规则组成的序列，其结构组成如图5-15所示。

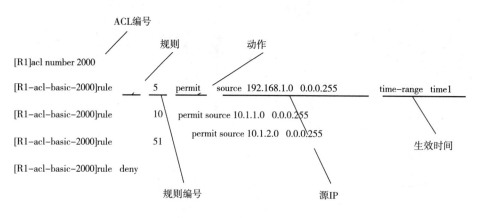

图5-15　ACL结构组成示意图

ACL编号：用于标识ACL，可以用名称，也可以用编号。不同类型的ACL其编号范围不同。

规则：描述报文匹配条件的判断语句。

规则编号：用于标识ACL规则。可以自行配置规则编号，也可以由系统自动分配。ACL规则的编号范围是0～4294967294，所有规则均按照规则编号从小到大进行排序。系统自动分配编号时，每个相邻规则编号之间的差值称为步长值，系统自动分配编号按照0、5、10、15……这样的规律分配。缺省情况下，步长为5。系统按照规则编号从小到大的顺序，将规则依次与报文匹配，直到匹配到一条规则为止。

动作：报文处理动作，包括permit、deny两种，表示允许或拒绝。

匹配项：ACL定义了极其丰富的匹配项。示意图中的源地址和生效时间段均是规则匹配项，ACL还支持源MAC、目的MAC、目的IP地址、协议类型、端口号等其他规则匹配项。

4. 生效时间

在访问控制列表的规则中，可以通过设置生效时间段规定ACL规则何时生效，从而实现在不同的时间段设置不同的策略，达到网络优化的目的。在华为设备中用time-range定义时间段，time-range时间段分为两种：周期性时间段和绝对时间段。

周期时间段：以星期为参数来定义时间范围，表示规则以一周为周期循环生效

（如每周一的 8 至 12 点）。

绝对时间段：从某年某月某日的某一时间开始，到某年某月某日的某一时间结束，表示规则在这段时间范围内生效。

例如，time-range 定义如下：

time-range test 8:00 to 18:00 working-day，表示从周一到周五每天 8:00 到 18:00 生效，这是一个周期时间段。

time-range test 14:00 to 18:00 off-day，表示周六、周日下午 14:00 到 18:00 生效，这是一个周期时间段。

time-range test from 00:00 2014/01/01 to 23:59 2014/12/31，表示从 2014 年 1 月 1 日 00:00 起到 2014 年 12 月 31 日 23:59 生效，这是一个绝对时间段。

5. ACL 的应用

ACL 应用到路由器或三层交换机指定接口的指定方向。

配置示例：[AR-GigabitEthernet0/0/0]traffic-filter inbound acl 2000 //acl 2000 绑定到路由器 AR g0/0/0 接口的入方向。

（二）ACL 分类

华为路由器访问控制列表分为基本 ACL、高级 ACL、二层 ACL、用户自定义 ACL 等。

基本 ACL：只能使用源 IP 地址、分片信息和生效时间段信息来定义规划。编号范围为 2000 ~ 2999。

高级 ACL：可以使用数据包的源 IP 地址、目的 IP 地址、协议类型、端口号等内容定义规则。高级 ACL 比基本 ACL 更准确、更丰富、更灵活。编号范围为 3000 ~ 3999。

二层 ACL：可根据报文的以太网帧头信息来定义规则，如根据源 MAC 地址、目的 MAC 地址、以太帧协议类型等定义规则。编号范围为 4000 ~ 4999。

用户自定义 ACL：可根据偏移位置和偏移量从报文中提取出一段内容进行匹配。用户自定义 ACL 比基本 ACL、高级 ACL 和二层 ACL 提供了更准确、丰富、灵活的规则定义方法。例如，当希望同时根据源 IP 地址、ARP 报文类型对 ARP 报文进行过滤时，则可以配置用户自定义 ACL。编号范围为 5000 ~ 5999。

（三）ACL 配置步骤

在系统视图下创建 ACL。配置示例：ACL 2001 //建立编号为 2001 的 ACL，该 ACL 属于基本 ACL。

配置 ACL 规则。配置示例：rule 3 deny source 192.168.1.0 0.0.0.255 //配置编号为 3 的规则，该规则表示拒绝 192.168.1.0/24 的网段通过。

进入接口视图。配置示例：[Huawei]interface GigabitEthernet 0/0/0。

在接口视图下绑定 ACL。配置示例：[Huawei- GigabitEthernet 0/0/0]traffic-filter outbound acl 2001 //把ACL 2001绑定到Gigabit Ethernet 0/0/0接口的出数据流方向

四、任务实施

（1）配置PC、服务器及路由器AR接口IP。

（2）在路由器AR1配置默认路由，在Internet配置静态路由，实现全网通。

[AR] ip route-static 0.0.0.0 0.0.0.0 202.23.30.2

[Internet] ip route-static 10.1.10.0 255.255.255.0 202.23.30.1

[Internet] ip route-static 10.1.20.0 255.255.255.0 202.23.30.1

[Internet] ip route-static 10.1.30.0 255.255.255.0 202.23.30.1

[Internet] ip route-static 10.1.40.0 255.255.255.0 202.23.30.1

[Internet] ip route-static 10.1.50.0 255.255.255.0 202.23.30.1

（3）配置生效时间。

[AR]time-range workstime 8:00 to 18:00 working-day //配置生效时间段workstime，时间段为周一至周五每天8:00到18:00。

[AR]time-range weekends 0:0 to 23:59 off-day //配置生效时间段，时间段为周六周日全天

（4）在路由器AR1上创建高级ACL，限制生产部主机访问财务部主机和FTP server的FTP服务。

[AR]acl 3001 //创建ACL 3001

[AR-acl-adv-3001]rule 5 deny ip source 10.1.10.0 0.0.0.255 destination 10.1.30.0 0.0.0.255 //建立规则，拒绝源IP10.1.10.0/24的网段访问目的IP10.1.30.0/24的网段

[AR-acl-adv-3001]rule 7 deny tcp source 10.1.10.0 0.0.0.255 destination 10.1.50.254 0 destination-port eq 21 //建立规则，拒绝源IP10.1.10.0/24 的网段访问目的IP为10.1.50.254/24 的FTP server的FTP服务

[AR-acl-adv-3001]rule 10 permit ip //允许所有IP通过

[AR]interface GigabitEthernet0/0/0

[AR-GigabitEthernet0/0/0] traffic-filter inbound acl 3001   //把ACL 3001 绑定到接口GE0/0/0 的入数据流方向

（5）在交换机SW-1上创建基本ACL，限制生产部主机非工作日访问其他网络。

<Huawei>sys

[Huawei]sys sw-1

[sw-1]acl 2001

[sw-1-acl-basic-2001]rule 5 deny source 10.1.10.0 0.0.0.255 time-range off-day //拒绝源IP10.1.10.0/24网段的主机在周六周日通信，off-day表示周末非正常工作日

[sw–1–acl–basic–2001]rule 10 permit

[sw–1–acl–basic–2001]quit

[sw–1]inter GigabitEthernet0/0/1

[sw–1–GigabitEthernet0/0/1]traffic–filter outbound acl 2001 //把ACL 2001绑定到GE0/0/1

[sw–1–GigabitEthernet0/0/1]quit

[sw–1]

（6）应用高级ACL，限制销售部、财务部主机在正常上班时间访问外网。

[AR]acl 3003

[AR–acl–adv–3003]rule 5 deny ip source 10.1.20.0 0.0.0.255 destination 202.23.30.2 0 time–range worksday //限制源IP10.1.20.0/24网段在生效时间段worksday内连接外网

[AR–acl–adv–3003]rule 10 permit ip

[AR–acl–adv–3003]quit

[AR]acl 3004

[AR–acl–adv–3004]rule 5 deny ip source 10.1.30.0 0.0.0.255 destination 202.23.30.2 0 time–range worksday //限制源IP10.1.30.0/24网段在生效时间段worksday内连接外网

[AR–acl–adv–3004]rule 10 permit ip

[AR–acl–adv–3004]quit

[AR]interface GigabitEthernet0/0/1

[AR–GigabitEthernet0/0/1]traffic–filter inbound acl 3003

[AR–GigabitEthernet0/0/1]interface GigabitEthernet0/0/2

[AR–GigabitEthernet0/0/2]traffic–filter inbound acl 3004

[AR–GigabitEthernet0/0/2]quit

[AR]

（7）验证。

PCS–1 主机ping不通财务部主机，利用PCS–1 主机的FTP客户端程序不能登录FTP server；销售部、财务部主机在正常工作日的 8:00 ~ 18:00 时间范围内ping不通IP202.23.30.2/30。由此验证配置成功，实现了任务描述相关要求。

五、知识拓展

（一）ACL应用规则

（1）一个接口的同一个方向，只能应用一个ACL。

（2）一个ACL里面可以有多个规则，按照规则ID从小到大排序，从上往下依次执行。

（3）数据包一旦被某条规则匹配，就不再继续向下匹配。

（4）对数据包进行访问控制时，华为设备默认隐含放过所有数据。

（5）基本ACL应绑定靠近目标数据的接口，高级ACL应绑定靠近源数据的接口。

（6）对于一个设备的接口来说，如果数据流是进入设备方向的，则应用inbound；如果数据流是从设备经接口流出设备的，则应用outbound。

（二）ACL涉及的时间范围（见表5-1）

表5-1　ACL涉及的时间范围表

<0-6>	Day of the week（0 is Sunday）	
Mon	Mon	星期一
Tue	Tuesday	星期二
Wed	Wednesday	星期三
Thu	Thursday	星期四
Fri	Friday	星期五
Sat	Saturday	星期六
Sun	Sunday	星期天
daily	Every day of the week	每天
off-day	Saturday and Sunday	星期六和星期日
working-day	Monday to Friday	工作日每一天

（三）eNSP模拟器中搭建FTP服务器和FTP客户端程序

在eNSP模拟器中可以应用服务器搭建FTP服务器，搭建FTP服务器如图5-16所示。

图5-16　在eNSP模拟器中搭建FTP服务器

在FTP客户端登录FTP服务器，登录方式如图5-17所示。

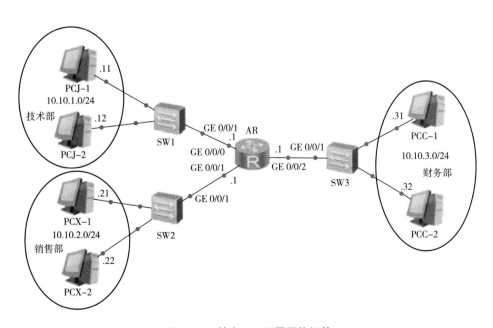

图5-17　FTP客户端登录FTP服务器

👆 习题强化

1. 一公司有账务部、技术部、销售部等部门，公司要求其他部门不能访问财务部门计算机，请你应用ACL技术实现公司要求。网络拓扑如图5-18所示。

图5-18　基本ACL配置网络拓扑

2. 因工作需要，要求PC1与PC2不能通信，但可以和PC3正常通信，PC1和PC3只能访问服务器Server1的WWW服务，请你应用高级ACL实现以上要求。网络拓扑如图5-19所示。

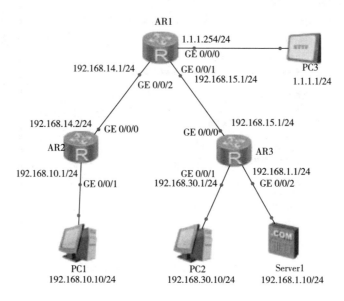

图5-19　高级ACL配置网络拓扑

3. 某学校局域网要求学生机晚上11:00至第二天凌晨5:00不能访问服务器，教师机正常上班时间（8:00～18:00）能够访问服务器，其他时间不能访问服务器，请你利用ACL配置实现有关要求。网络拓扑如图5-20所示。

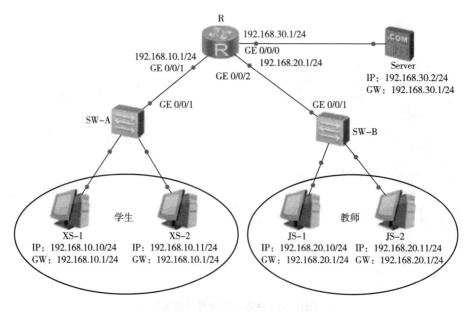

图5-20　基于时间的ACL配置网络拓扑

任务 3 NAT 配置

一、任务描述

某公司局域网通过路由器AR1连接外网，现要求PC1、PC2、PC3分别通过静态NAT、动态NAT、NPAT及Easy IP方式进行地址转换后连接外网。静态NAT配置时，PC1、PC2、PC3主机IP分别转换为外网IP地址 200.1.1.10、200.1.1.11、200.1.1.12；动态NAT配置时，地址池为：200.1.1.100 ~ 200.1.1.200；NPAT转换配置时，外网地址为：200.1.1.3。在公司内网有一HTTP Server，为了便于外网访问，计划应用NAT Server转换技术，实现外网访问内网Server，内网HTTP Server映射到外网的地址为 200.1.1.254，端口号为80；FTP Server映射到外网地址为200.1.1.254，端口号为23。假设你是公司网管，请根据公司要求完成相关配置。网络拓扑如图5-21所示。

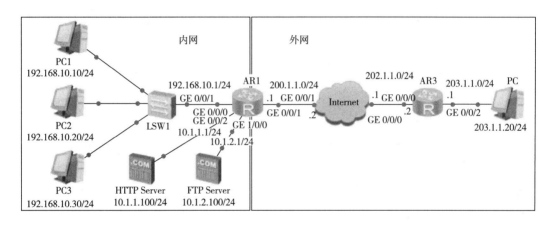

图5-21　NAT转换配置实例网络拓扑

二、任务分析

随着接入互联网的计算机数量不断增加，IPv4地址资源愈加紧张，NAT转换技术的出现有效缓解了地址资源紧张问题。NAT转换分为静态NAT、动态NAT、NPAT转换、Easy IP转换及解决外网访问内网服务器的NAT Server地址映射转换。静态NAT转换实现了内网IP与外网IP一对一转换；动态NAT转换时需要创建一个动态地址池，每个内网地址连接外网时，都要从地址池中申请一个IP；NPAT转换是基于端口号的地址转换，实现"内网IP+端口号"与"外网IP+端口号"的转换，端口号是动态分配的；Easy IP的实现原理与NAPT相同，它同时转换IP地址和传输层端口，但Easy IP不创建地址池，而是将接口地址作为公网IP地址进行NAT转换；当外网用户需要使用固定公网IP地址访问内网服务器时，需要应用NAT Server转换技术，实现"公网IP地址+端口号"与"私网IP地址+端口号"间的静态映射，此处端口号是固定不变的，是事先配置好的。

三、相关知识

（一）NAT概述

为了解决IP地址资源匮乏问题，在局域网中应用了私网IP地址。私网IP地址不能在互联网上通信，必须通过NAT（Network Address Translation，网络地址转换）技术，把私网IP地址转换为公网IP地址。

NAT有五种转换类型：静态NAT、动态NAT、网络端口地址转换NPAT、Easy IP转换、NAT Server转换。

静态NAT：将内网私网IP地址与公网IP地址进行一对一转换，且每个内网地址的转换都是确定的。某个私网IP地址只转换为某个公网IP地址。静态转换能够实现外部网络对内部网络中某些特定设备（如服务器）的访问。

动态NAT：将内部私网IP地址与公网IP地址一对一转换，但公网IP地址不是唯一的，是一个地址池。NAT转换时，可从公网IP地址池中动态选择一个未使用的地址对内部私网地址进行转换。动态转换可以使用多个公网地址池。当ISP提供的公网IP地址少于网络内部的计算机数量时，可以采用动态NAT转换。

NPAT：当多个内网私网IP地址转换成一个公网IP地址时，使用NPAT转换能够实现"私网IP+端口号"与"公网IP+端口号"一对一映射。此转换方式中，只有一个公网IP，端口号是动态分配的。内部网络的所有主机均可共享一个外部公网IP地址实现对互联网的访问，从而最大限度地节约IP资源。同时，又可隐藏网络内部所有主机，有效避免来自互联网的攻击。网络中应用最多的就是NAPT。

Easy IP转换：该转换方式利用出接口地址作为公网IP，应用端口号识别不同的私网地址。通过"出接口IP+端口号"与"内网IP+端口号"的一对一映射，实现私网IP与公网IP的转换。

NAT Server转换：在内网中设有服务器时，为了便于外网访问内网服务器，常应用NAT Server转换技术实现"内网IP+端口号"与"公网IP+端口号"的一对一映射。在该转换中，端口号是事先配置的，固定不变。

（二）NAT转换原理

1. 静态NAT转换原理

静态NAT转换是私网IP与公网IP的一对一的转换，一个公网IP只会分配给唯一且固定的内网主机。转换原理如图5-22所示。

2. 动态NAT转换原理

动态NAT基于地址池来实现私网IP和公网IP的转换。内网主机与外网主机通信时，从公网IP地址池中动态选择一个未使用的地址对内部私网IP进行转换。动态转换可以使用多个公网外部地址。转换原理如图5-23所示。

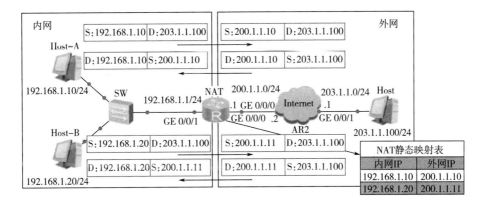

图 5-22　静态NAT转换原理示意图

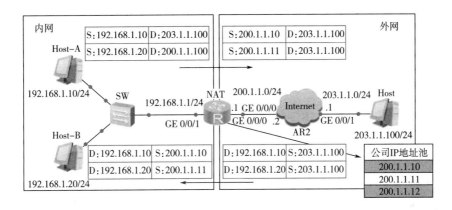

图 5-23　动态NAT转换原理示意图

3. NPAT转换原理

NPAT转换是基于端口的地址转换，允许多个内部地址映射到同一个公有IP的不同端口。转换原理如图5-24所示。

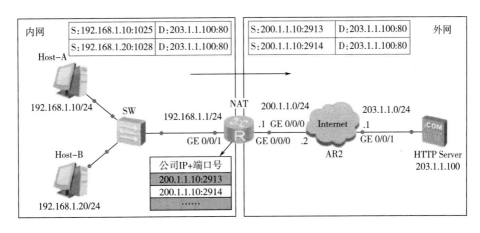

图 5-24　NPAT转换原理示意图

4. Easy IP转换原理

Easy IP允许多个内部地址映射到NAT路由器出接口地址上的不同端口，通过"出接口IP+端口号"与"内网IP+端口号"的一对一映射，实现私网IP与公网IP的转换。转换原理如图5-25所示。

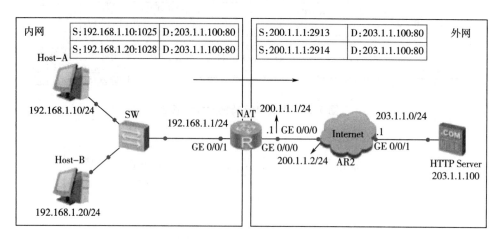

图5-25　Easy IP转换原理示意图

5. NAT Server转换原理

通过配置NAT Server服务，实现"内网IP+端口号"与"公网IP+端口号"的一对一映射，便于外网用户访问内网服务器。转换原理如图5-26所示。

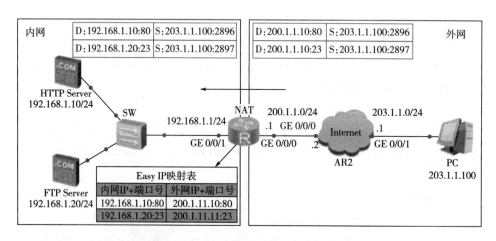

图5-26　NAT Server转换原理示意图

（三）NAT配置步骤

1. 静态NAT配置步骤如下

（1）进入"出接口"。配置示例：

interface s4/0/0

（2）配置静态NAT。配置示例：

nat static global 172.16.3.3 inside 192.168.1.10 //172.16.3.3 为未分配的公网IP，192.168.1.10为内网需要转换的私网IP

2. 动态NAT配置步骤如下

（1）设置公网地址池。配置示例：

nat address-group 1 172.16.3.3 172.16.3.254

（2）创建ACL。配置示例：

acl 2000

（3）配置ACL规则。

配置示例：

rule 5 permit source 192.168.1.0 0.0.0.255

rule 10 deny。

（4）进入出接口。配置示例：

interface GE0/0/1。

（5）配置动态NAT，出接口匹配ACL。配置示例：

nat outbound 2000 address-group 1 no-pat //no-pat的作用是不进行端口转换

3. NAPT的配置步骤

（1）建立公网地址池，地址池只有一个IP。配置示例：

nat address-group 1 172.16.3.254 172.16.3.254

（2）创建ACL。配置示例：

acl 2000

（3）配置ACL规则。配置示例：

rule 5 permit source 192.168.1.0 0.0.0.255

rule 10 deny

（4）进入出接口。配置示例：

interface GE0/0/1

（5）配置NPAT，出接口匹配ACL。配置示例：

nat outbound 2000 address-group 1

4. Easy IP配置步骤

（1）创建ACL。配置示例：

acl 2000

（2）配置ACL规则。配置示例：

rule 5 permit source 192.168.1.0 0 .0.0.255

rule 10 deny

（3）进入出接口。配置示例：

interface GE0/0/1

（4）配置Easy IP，匹配ACL。配置示例：

nat outbound 2000

5. NAT Server配置步骤

（1）进入出接口。配置示例：

interface GE0/0/1

（2）配置NAT Server。配置示例：

nat server protocol tcp global 200.1.1.10 4444 inside 192.168.1.10 http //tcp为协议类型，
4444为公网IP端口号，http为私网IP 192.168.1.10的端口号

四、任务实施

（一）静态NAT配置，实现内网主机连接外网

（1）配置OSPF协议，实现全网通。

（2）在AR1出接口GE0/0/1配置静态NAT。

[AR1]interface GigabitEthernet 0/0/1

[AR1–GigabitEthernet0/0/1]nat static global 200.1.1.10 inside 192.168.10.10

[AR1–GigabitEthernet0/0/1]nat static global 200.1.1.11 inside 192.168.10.20

[AR1–GigabitEthernet0/0/1]nat static global 200.1.1.12 inside 192.168.10.30

（3）验证：查看静态NAT状态，内网IP转换为公网IP。

```
[AR1]disp nat static
  Static Nat Information:
    Interface : GigabitEthernet0/0/1
      Global IP/Port : 200.1.1.10/---
      Inside IP/Port : 192.168.10.10/---
      Protocol : ---
      VPN instance-name : ---
      Acl number : ----
      Netmask : 255.255.255.255
      Description : ---

      Global IP/Port : 200.1.1.11/---
      Inside IP/Port : 192.168.10.20/---
      Protocol : ---
      VPN instance-name : ---
      Acl number : ----
      Netmask : 255.255.255.255
      Description : ---

      Global IP/Port : 200.1.1.12/---
      Inside IP/Port : 192.168.10.30/---
      Protocol : ---
      VPN instance-name : ---
      Acl number : ----
      Netmask : 255.255.255.255
      Description : ---
```

（二）动态NAT配置，实现内网主机连接外网

（1）配置OSPF协议，实现全网通。

（2）在AR1出接口GE0/0/1配置动态NAT。

[AR1]nat address-group 1 200.1.1.100 200.1.1.200 //建立公网IP地址池

[AR1]acl 2000

[AR1-acl-basic-2000]rule 5 permit source 192.168.10.0 0.0.0.255　//允许192.168.10.0/24网段通过

[AR1-acl-basic-2000]rule 10 deny

[AR1-acl-basic-2000]quit

[AR1]interface GigabitEthernet 0/0/1

[AR1-GigabitEthernet0/0/1]nat outbound 2000 address-group 1 no-pat　//在AR1出接口绑定动态NAT

（3）验证：查看动态NAT会话，私网IP转换为公网IP地址池中的IP。

```
[AR1]disp nat session all verbose
  NAT Session Table Information:

    Protocol      : ICMP(1)
    SrcAddr Vpn   : 192.168.10.10
    DestAddr Vpn  : 203.1.1.20
    Type Code IcmpId : 0 8 11070
    Time To Live  : 20 s
    NAT-Info
      New SrcAddr   : 200.1.1.102
      New DestAddr  : -----
      New IcmpId    : -----

    Protocol      : ICMP(1)
    SrcAddr Vpn   : 192.168.10.20
    DestAddr Vpn  : 203.1.1.20
    Type Code IcmpId : 0 8 11076
    Time To Live  : 20 s
    NAT-Info
      New SrcAddr   : 200.1.1.109
      New DestAddr  : -----
      New IcmpId    : -----

    Protocol      : ICMP(1)
    SrcAddr Vpn   : 192.168.10.30
    DestAddr Vpn  : 203.1.1.20
    Type Code IcmpId : 0 8 11081
    Time To Live  : 20 s
    NAT-Info
      New SrcAddr   : 200.1.1.112
      New DestAddr  : -----
      New IcmpId    : -----
```

（三）NPAT配置，实现内网主机连接外网

（1）配置OSPF协议，实现全网通。

（2）在AR1出接口GE0/0/1配置PNAT。

[AR1]nat address-group 1 200.1.1.3 200.1.1.3 //建立公网IP地址池，地址池只有一个IP

[AR1]acl 2000

[AR1-acl-basic-2000]rule 5 permit source 192.168.10.0 0.0.0.255

[AR1-acl-basic-2000]rule 10 deny

[AR1-acl-basic-2000]quit

[AR1]interface GigabitEthernet 0/0/1

[AR1-GigabitEthernet0/0/1]nat outbound 2000 address-group 1 //在AR1出接口g0/0/1绑定ACL 2000及地址池

（3）验证：查看NPAT会话，私网IP转换为一个公网IP。

```
[AR1]disp nat session all verbose
  NAT Session Table Information:

      Protocol     : ICMP(1)
      SrcAddr Vpn  : 192.168.10.30
      DestAddr Vpn : 203.1.1.20
      Type Code IcmpId : 0 8 15070
      Time To Live : 20 s
      NAT-Info
        New SrcAddr   : 200.1.1.3
        New DestAddr  : -----
        New IcmpId    : 10269

      Protocol     : ICMP(1)
      SrcAddr Vpn  : 192.168.10.20
      DestAddr Vpn : 203.1.1.20
      Type Code IcmpId : 0 8 15067
      Time To Live : 20 s
      NAT-Info
        New SrcAddr   : 200.1.1.3
        New DestAddr  : -----
        New IcmpId    : 10265

      Protocol     : ICMP(1)
      SrcAddr Vpn  : 192.168.10.10
      DestAddr Vpn : 203.1.1.20
      Type Code IcmpId : 0 8 15103
      Time To Live : 20 s
      NAT-Info
        New SrcAddr   : 200.1.1.3
        New DestAddr  : -----
        New IcmpId    : 10271
```

（四）Easy IP配置，实现内网主机连接外网

（1）配置OSPF协议，实现全网通。

（2）在AR1出接口GE0/0/1配置Easy IP。

[AR1]acl 2000

[AR1-acl-basic-2000]rule 5 permit source 192.168.10.0 0.0.0.255

[AR1-acl-basic-2000]rule 10 deny

[AR1-acl-basic-2000]quit

[AR1]

[AR1]interface GigabitEthernet 0/0/1

[AR1-GigabitEthernet0/0/1]nat outbound 2000　//在AR1出接口g0/0/1绑定ACL2000

（3）验证：查看NAT会话，内网IP均转换为出接口IP。

```
[AR1]disp nat session all
  NAT Session Table Information:

  Protocol     : ICMP(1)
  SrcAddr Vpn  : 192.168.10.20
  DestAddr Vpn : 203.1.1.20
  Type Code lcmpId : 0 8 16743
  NAT-Info
    New SrcAddr   : 200.1.1.1
    New DestAddr  : -----
    New lcmpId    : 10245

  Protocol     : ICMP(1)
  SrcAddr Vpn  : 192.168.10.30
  DestAddr Vpn : 203.1.1.20
  Type Code lcmpId : 0 8 16746
  NAT-Info
    New SrcAddr   : 200.1.1.1
    New DestAddr  : -----
    New lcmpId    : 10249

  Protocol     : ICMP(1)
  SrcAddr Vpn  : 192.168.10.10
  DestAddr Vpn : 203.1.1.20
  Type Code lcmpId : 0 8 16826
  NAT-Info
    New SrcAddr   : 200.1.1.1
    New DestAddr  : -----
    New lcmpId    : 10258
```

（五）NAT Server配置，实现外网访问内网服务器

（1）配置OSPF协议，实现全网通。

（2）在AR1出接口GE0/0/1配置NAT Server，使HTTP Server映射到200.1.1.254:80，
FTP Server映射到200.1.1.254:23。

[AR1]interface GigabitEthernet 0/0/1

[AR1-GigabitEthernet0/0/1]nat server protocol tcp global 200.1.1.254 80 inside 10.1.1.100 80 //把私网IP10.1.1.100，端口号80，转换为外网IP 200.1.1.254，端口号80

[AR1-GigabitEthernet0/0/1]nat server protocol tcp global 200.1.1.254 23 inside 10.1.2.100 23 //把私网IP10.1.2.100，端口号23，转换为外网IP 200.1.1.254，端口号23

（3）验证：查看NAT Server，知"外网IP+端口号"与"内网IP+端口号"映射关系。

```
<AR1>disp nat server
  Nat Server Information:
  Interface : GigabitEthernet0/0/1
    Global IP/Port  : 200.1.1.254/80(www)
    Inside IP/Port  : 10.1.1.100/80(www)
    Protocol : 6(tcp)
    VPN instance-name : ----
    Acl number : ----
    Description : ---

    Global IP/Port  : 200.1.1.254/23(telnet)
    Inside IP/Port  : 10.1.2.100/23(telnet)
    Protocol : 6(tcp)
    VPN instance-name : ----
    Acl number : ----
    Description : ---
```

五、知识拓展

NAT与NPAT（Network Address Port Translation，网络地址端口转换）是两种用于解决IP地址转换问题的技术，它们在功能和实现方式上有一些区别。以下是它们的对比。

（一）NAT方式

是指在出方向上转换IP报文头中的源IP地址，而不对端口进行转换；私网网络地址和外部网络地址之间建立一对一映射；内网一台主机只能用对应一个公网地址访问外网。

由于内网与外网地址一一对应，实现比较简单，只转换IP 报文头中的IP地址，所以适用于所有IP报文转换

（二）NPAT方式

NPAT转换时，仅有一个公网IP，通过不同的端口号区分每一个内网主机，NPAT转换过程中既转换了数据包中的源地址，也转换了数据包中的端口信息。由于 NPAT方式需要转换IP地址和端口信息，所以只适用于TCP/UDP报文的转换。

👆 **习题强化**

1. 某企业HTTP Server内网IP地址为172.16.1.100，为了防止HTTP Server被攻击，请你应用静态NAT转换策略，使外网Internet用户能够通过访问公网IP地址210.25.1.100访问HTTP Server。网络拓扑如图5-27所示。

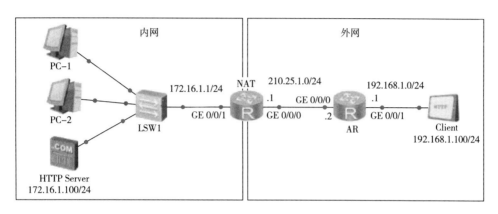

图5-27　静态NAT配置网络拓扑

2. 某公司内部局域网中有多个主机，公司申请了一段公网IP地址200.1.1.20～200.1.1.22/24，请你配置动态NAT实现内部局域网中的主机能够访问外网。网络拓扑如图5-28所示。

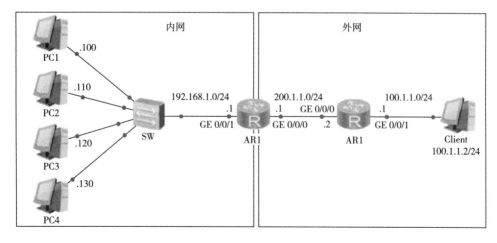

图5-28　动态NAT配置网络拓扑

3. 某公司已经申请了一个公网IP 202.168.2.2/24，要求内网主机均通过IP 202.168.2.2/24访问外网，请你配置NPAT实现内网主机正常访问外网主机client。网络拓扑如图5-29所示。

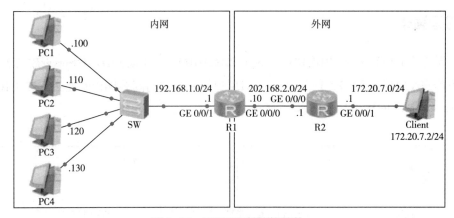

图5-29　NPAT配置网络拓扑

任务4　防火墙配置

一、任务描述

某校园网通过防火墙FW与外网连接，网络拓扑如图5-30所示。现要求内网主机经防火墙NAT转换为外网IP 200.1.1.10/24后访问外网。具体要求如下：VLAN10主机仅在9:00～18:00时间段内访问外网，VLAN20主机仅能访问外网Web Server；在内网中，VLAN10主机只能访问内网HTTP Server，VLAN20主机只能访问FTP Server；内网HTTP Server通过外网接口地址进行NAT Server映射，外网能够通过映射地址访问内网HTTP Server。请你完成防火墙配置，实现以上要求。

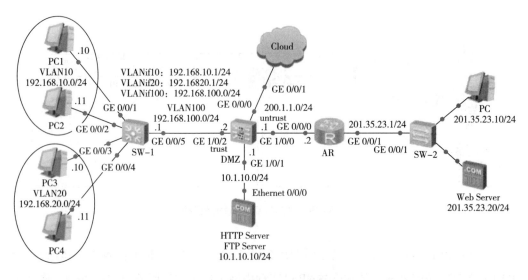

图5-30　防火墙配置示例网络拓扑

二、任务分析

在本任务中，Cloud绑定vmnet2虚拟网卡，并通过虚拟系统Win7对防火墙以Web方式进行配置。根据拓扑图所示配置规划，按照任务描述要求，数据规划如表5-2所示。

表5-2 数据规划

项目	数据	说明
VLAN10主机访问外网主机的安全策略	名称：VLAN10_out_security_policy 源安全区域：trust 目的安全区域：untrust 源地址：192.168.10.0/24 目的地址：any 时间段：VLAN10_out_time 动作：允许	安全策略VLAN10_out_security_policy的作用是允许VLAN10主机在VLAN10_out-time时间段（定义时间段：9:00～18:00）访问外网
VLAN20主机访问外网Web Server的安全策略	名称：VLAN20_out_security_policy 源安全区域：trust 目的安全区域：untrust 源地址：192.168.20.0/24 目的地址：201.35.23.20/24 服务：http、https 动作：允许	安全策略VLAN20_out_security_policy的作用是允许VLAN20主机仅访问外网Web Server
VLAN10主机访问内网HTTP Server的安全策略	名称：VLAN10_inside_security_policy 源安全区域：trust 目的安全区域：dmz 源地址：192.168.10.0/24 目的地址：10.1.10.10/24 服务：http、https 动作：允许	安全策略VLAN10_inside_security_policy的作用是允许VLAN10主机访问内网时仅访问内网HTTP Server
VLAN20主机访问内网FTP Server的安全策略	名称：VLAN20_inside_security_policy 源安全区域：trust 目的安全区域：dmz 源地址：192.168.20.0/24 目的地址：10.1.10.10/24 服务：ftp 动作：允许	安全策略VLAN20_inside_security_policy的作用是允许VLAN20主机访问内网时仅访问内网FTP Server
untrust安全区域访问dmz安全区域的安全策略	名称：untrust_dmz_security_policy 源安全区域：untrust 目的安全区域：dmz 源地址：any 目的地址：10.1.10.10/24 动作：允许	安全策略untrust_dmz_security_policy的作用是允许外网访问dmz安全区域的服务器

续表

项目	数据	说明
内网主机去往外网的NAT策略	NAT策略 名称：inside_out_nat_policy NAT类型：NAT 转换模式：仅转换源地址 源安全区域：trust 目的安全区域：untrust 源地址：192.168.10.0/24 　　　　192.168.20.0/24 目的地址：any 源转换地址池：inside_out_nat_add_pool	通往外网的流量做NAT转换，源地址由私网IP地址转换为地址池中的公网IP地址200.1.1.10/24。 NAT地址池： 名称：inside_out_nat_add_pool IP地址范围：200.1.1.10/24
HTTP Server的NAT映射	名称：inside_out_servermapping 安全域：any 公网地址：200.1.1.1 私网地址：10.1.10.10 公网端口：80 私网端口：80	通过服务器映射，使外网用户访问200.1.1.1，且端口号为80的流量能够访问内网的HTTP Server

三、相关知识

（一）防火墙概述

防火墙是一种用于监控入站和出站网络流量的网络安全设备，可基于一组预定义的安全规则来决定是允许还是阻止特定流量。防火墙是由计算机硬件或软件组成，部署于网络边界，是内部网络和外部网络之间的连接桥梁，对进出网络边界的数据进行保护，防止恶意入侵和恶意代码的传播，保障内部网络数据的安全。

防火墙作为内网与外网之间的一种访问控制设备，常常安装在内网和外网交界点上。其主要功能如下：

1. 包过滤

包过滤是一种网络的数据安全保护机制，用来控制流出和流入网络的数据。通常由定义的各条数据安全规则组成，包过滤规则可基于源地址、源接口、目的地址、目的接口、协议和时间设置，也可根据地址簿进行设置。

2. NAT

NAT是将内网或外网的IP地址转换，可分为源地址转换（Source NAT，SNAT）和目的地址转换（Destination NAT，DNAT）。SNAT用于对内部网络地址进行转换，对外部网络隐藏内部网络的结构，避免受到来自外部其他网络的非授权访问或恶意攻击，并将有限的公网IP地址动态或静态的与内部IP地址对应起来，用来缓解地址空间短缺问题，节省资源，降低成本。DNAT主要用于外网主机访问内网主机。

3. 认证和应用代理

认证是指防火墙对访问网络者的合法身份的确认，应用代理则是指防火墙内置用户认证数据库，提供HTTP、FTP和SMTP代理功能，并可对这三种协议进行访问控制，同时支持URL过滤功能。

4. 隐蔽智能网关和静态路由功能

隐蔽智能网关提供了对互联网服务进行几乎透明的访问，同时阻止了外部未授权访问者对专用网络的非法访问。在路由模式下，防火墙提供静态路由功能，支持内部多个子网之间的安全访问。

5. 虚拟专用网VPN功能

虚拟专用网VPN功能指在公共网络中建立专用网络，数据通过安全的"加密通道"在公共网络中传播。VPN的基本原理是通过IP包的封装及加密、认证等手段，从而达到安全的目的。

按照不同的使用场景，防火墙主要可以分为四类：

（1）过滤防火墙：在计算机网络中起过滤作用，工作在OSI/RM七层协议模型的数据链路层和网络层。这种防火墙能够根据预设好的过滤规则，对网络中的数据包进行过滤，符合过滤规则的数据包被放行，不符合过滤规则的数据包会被删除或阻止。防火墙通过检查数据包的源头IP地址、目的IP地址、数据包遵守的协议和端口号等特征完成过滤。

（2）应用网关防火墙：应用网关防火墙有一套逻辑分析机制，基于这个逻辑分析机制，应用网关服务器在应用层上进行危险数据过滤，分析内部网络应用层使用的协议，并对网络内部所有数据包进行分析，如果数据包不符合应用逻辑则就不被放行。

（3）服务防火墙：服务防火墙主要用于服务器的保护，用来防止外部网络的恶意信息进入服务器的网络环境中。

（4）监控防火墙：这种防火墙不仅可以像传统的防火墙一样，过滤网络中的有害数据，还可以对数据进行分析和测试，分析网络中是否存在外部攻击，对内可以过滤，对外可以监控。

（二）防火墙工作机制

1. 接口与安全区域

防火墙通过划分安全区域（Security Zone）实现不同安全级别的网络隔离。通过将防火墙各接口划分到不同的安全区域，从而将接口连接的网络划分为不同的安全级别。防火墙上的接口必须加入安全区域才能处理流量。

华为防火墙默认安全区域间不能进行流量交换，除非管理员指定了合法的访问规则。如果网络被入侵，攻击者也只能访问同一个安全区域内的资源，这样就能够将损失控制在一个比较小的范围。接口加入安全区域代表接口所连接的网络加入安全区域，而不是指接口本身。接口、网络和安全区域的关系如图5-31所示。

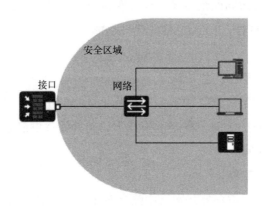

图5-31 防火墙接口、网络和安全区域示意图

防火墙的安全区域按照安全级别的不同,从1到100划分安全级别,数字越大,表示安全级别越高,网络越可信。华为防火墙定义了trust、dmz、untrust和local四个默认安全区域,默认安全区域的安全级别都是固定的。

local:安全级别是100。local区域代表防火墙本身。比如,防火墙主动发起的报文(如防火墙上执行ping)以及抵达防火墙自身的报文(如网管防火墙HTTP、HTTPS、SSH、Telnet)。

trust:安全级别是85。该区域的网络受信任程度高,通常用来定义内部用户所在的网络。

dmz:安全级别是50。该区域的网络受信任程度中等,通常用来定义内部服务器所在网络。

untrust:安全级别是5。该区域代表的是不受信任的网络,通常用来定义Internet。

管理员还可以自定义安全区域实现更细粒度的控制。例如,一个企业按图5-32划分防火墙的安全区域,内网接口加入trust安全区域,外网接口加入untrust安全区域,服务器区接口加入dmz安全区域,另外,为访客区自定义名称为guest的安全区域。

一个接口只能加入一个安全区域,一个安全区域下可以加入多个接口。除了物理接口,防火墙还支持逻辑接口,如子接口、VLANIF、Tunnel接口等,这些逻辑接口在使用时也需要加入安全区域。

2. 安全策略

防火墙通过规则控制流量,这些规则在防火墙上被称为"安全策略"。安全策略是防火墙产品的基本概念和核心功能,它提供了防火墙的安全管控能力。

如图5-33所示,安全策略由条件、动作和配置文件组成,针对允许通过的流量可以进一步做反病毒、入侵防御等内容安全检测。

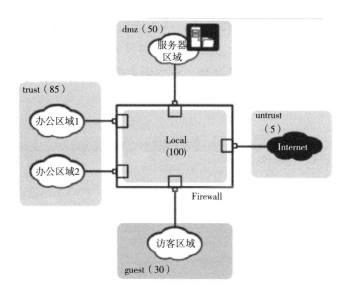

图5-32　防火墙安全区域划分

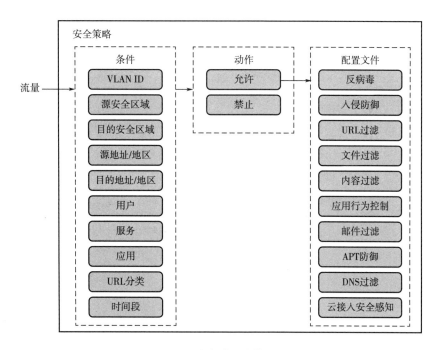

图5-33　防火墙安全策略界面

　　在安全策略中，所有条件在一条安全策略中都是可选配置，但一旦配置了，配置的所有条件之间是"与"的关系，必须全部符合才认为匹配。一个匹配条件中如果配置了多个值，多个值之间是"或"的关系，只要流量匹配了其中任意一个值，就认为匹配了这个条件。

一条安全策略中的匹配条件越具体，其所描述的流量越精确。可以使用五元组（源IP地址、源端口、目的IP地址、目的端口、协议）作为匹配条件，也可以利用防火墙的应用识别、用户识别能力，更精确、更方便地配置安全策略。创建安全策略界面如图5-34所示。

图5-34　创建防火墙安全策略界面

　　穿过防火墙的流量、防火墙发出的流量、防火墙接收的流量均受安全策略控制。如图5-35所示，内网PC既需要Telnet登录防火墙管理设备，又要通过防火墙访问Internet。此时需要为这两种流量分别配置安全策略。

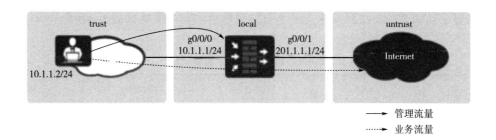

图5-35 穿墙安全策略与本地安全策略

图5-35中，位于trust域的PC登录防火墙时，需配置trust访问local的安全策略；反之，如果防火墙主动访问其他安全区域的对象，例如，防火墙向日志服务器上报日志、防火墙连接安全中心升级特征库等，需要配置local到其他安全区域的安全策略。防火墙本身是local安全区域，防火墙的各个接口均属于local安全区域，接口加入的安全区域代表接口连接的网络属于此安全区域。

防火墙存在一条缺省安全策略default，默认禁止所有的域间流量。缺省策略永远位于策略列表的最底端，且不可删除。

用户创建的安全策略，按照创建顺序从上往下排列，新创建的安全策略默认位于策略列表底部，缺省策略之前。防火墙接收到流量之后，按照安全策略列表从上向下依次匹配。一旦某一条安全策略匹配成功，则停止匹配，并按照该安全策略指定的动作处理流量。如果所有手工创建的安全策略都未匹配，则按照缺省策略处理。

安全策略列表的顺序是影响策略是否按预期匹配的关键，新建安全策略后往往需要手动调整顺序。例如：企业的一台服务器地址为10.1.1.1，允许IP网段为10.2.1.0/24的办公区访问此服务器，配置了安全策略policy1。运行一段时间后，又要求禁止两台临时办公PC（10.2.1.1、10.2.1.2）访问服务器。

此时新配置的安全区策略policy2位于policy1的下方。由于policy1的地址范围覆盖了policy2的地址范围，policy2永远无法被匹配。当前安全策略如表5-3所示。

表5-3 调整前的安全策略列表

序号	名称	源地址	目的地址	动作
1	policy1	10.2.1.0/24	10.1.1.1/24	允许
2	policy2	10.2.1.1/24 10.2.1.2/24	10.1.1.1/24	禁止
3	default	any	any	禁止

需要手动调整policy2到policy1的上方，调整后的安全策略如表5-4所示：

表5-4　调整后的安全策略列表

序号	名称	源地址	目的地址	动作
1	policy2	10.2.1.1/24 10.2.1.2/24	10.1.1.1/24	禁止
2	policy1	10.2.1.0/24	10.1.1.1/24	允许
3	default	any	any	禁止

（三）防火墙Web管理

1. 华为防火墙出厂配置

华为防火墙出厂配置如表5-5所示。

表5-5　华为防火墙出厂配置

项目	取值	备注
管理网口	接口号：GE0/0/0接口或MEth0/0/0 IP地址：192.168.0.1/24	不同机型管理网口编号存在差异，具体查阅对应产品文档
登录类型	管理网口Web登录、Console口登录	其他登录类型需要自行配置
管理员账号密码	USG6000E V600R007C20 及以后版本：无缺省管理员，首次登录时系统提示在线注册账号。 USG6000E V600R007C20 之前版本：缺省管理员账号：admin，密码：Admin@123	—
其他业务接口	三层模式，未配置IP地址	—

2. 连线

管理PC与设备管理网口连接，用于登录Web界面。如果使用命令行配置，首次登录使用Console配置线连接管理PC的串口与设备的Console口。接口GE0/0/2连接内网，接口GE0/0/3连接外网。连接方式如图5-36所示。

3. Web登录步骤

（1）将管理员PC网口与设备的管理口（MEth 0/0/0 或GigabitEthernet 0/0/0）通过网线直连或者通过二层交换机相连。

（2）将管理员PC的IP地址设置为192.168.0.2～192.168.0.254范围内的IP地址。

（3）在管理员PC的浏览器中输入地址：https://192.168.0.1:8443。

（4）输入地址登录后，浏览器会给出证书不安全的告警提示，选择继续浏览。如果是首次登录设备，需要创建管理员账号。

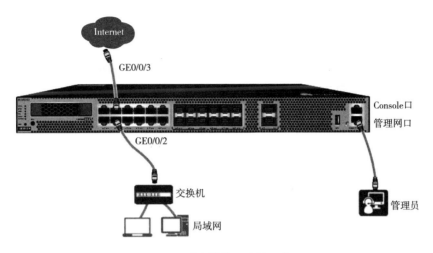

图5-36　防火墙管理连接示意图

4. ensp模拟器防火墙Web管理配置步骤

（1）搭建如图5-37所示网络拓扑，Cloud通过vmnet8与虚拟PC连接，Cloud配置如图5-37所示。

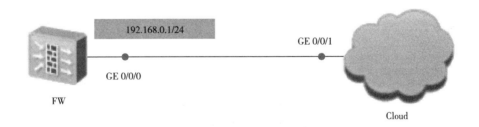

图5-37　ENSP防火墙与虚拟机PC连接拓扑图

（2）将虚拟PC的IP地址设置为192.168.0.2。

（3）在命令模式下配置防火墙。

```
<USG6000V1>sys
[USG6000V1]sysname FW
[FW]interface GigabitEthernet 0/0/0
[FW-GigabitEthernet0/0/0]service-manage enable  //开启接口访问管理功能
[FW-GigabitEthernet0/0/0]quit
```

[FW]web-manager enable //开启Web功能。

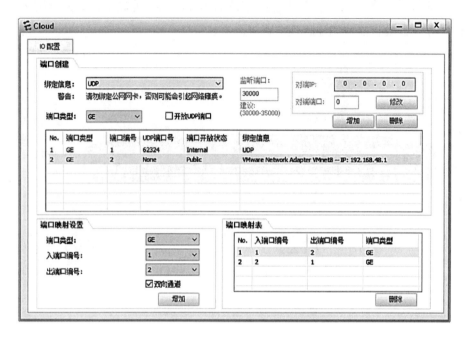

图5-38　ENSP云连接虚拟机

（4）在虚拟PC的浏览器中输入地址：https://192.168.0.1:8443，如图5-39所示。

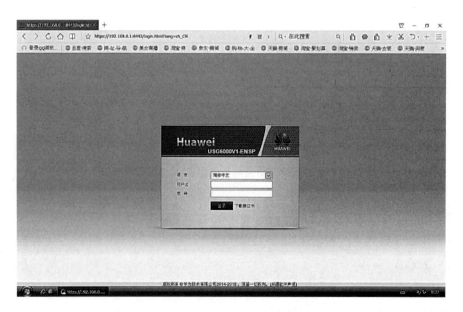

图5-39　ENSP防火墙登录界面-1

（5）在登录界面输入用户名和密码，如图5-40所示。

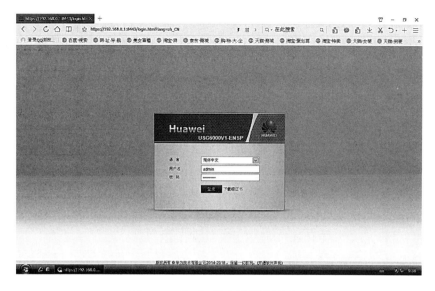

图 5-40　ENSP 防火墙登录界面-2

（6）登录到防火墙管理界面，如图 5-41 所示。

图 5-41　ENSP 防火墙管理界面

四、任务实施

（1）配置 PC 及设备接口 IP。

（2）划分 VLAN，配置 VLAN 管理接口。

（3）连接云 Cloud 与防火墙，配置虚拟机 Web 管理防火墙环境（参照防火墙 Web 管理配置）。

（4）配置内网外网路由。

[SW-1]ip route-static 0.0.0.0 0.0.0.0 192.168.100.2 //配置内网通往防火墙的路由

[FW]ip route-static 0.0.0.0 0.0.0.0 200.1.1.2　//配置防火墙通往外网的路由

[FW]ip route-static 192.168.10.0 255.255.255.0 192.168.100.1 //配置通往内网192.168.10.0/24网段的路由

[FW]ip route-static 192.168.20.0 255.255.255.0 192.168.100.1 //配置通往内网192.168.20.0/24网段的路由

[AR]ip route-static 192.168.10.0 255.255.255.0 200.1.1.1

[AR]ip route-static 192.168.20.0 255.255.255.0 200.1.1.1

[AR]ip route-static 10.1.10.0 255.255.255.0 200.1.1.1

（5）命令方式配置安全区域。

[FW]firewall zone trust　//进入trust安全区域

[FW-zone-trust] add interface GigabitEthernet1/0/2　//添加GE1/0/2接口至trust安全区域

[FW]firewall zone untrust　//进入untrust安全区域

[FW-zone-untrust] add interface GigabitEthernet1/0/0　//添加GE1/0/0接口至untrust安全区域

[FW]firewall zone dmz　//进入dmz安全区域

[FW-zone-dmz]add interface GigabitEthernet1/0/1　//添加GE1/0/1接口至dmz安全区域

（6）如图5-42所示配置VLAN10主机访问外网主机的安全策略。

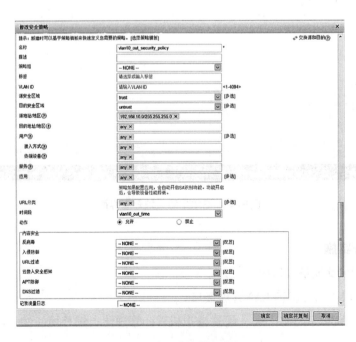

图5-42　建立安全策略界面-1

（7）如图5-43所示配置VLAN20主机访问外网Web Server的安全策略。

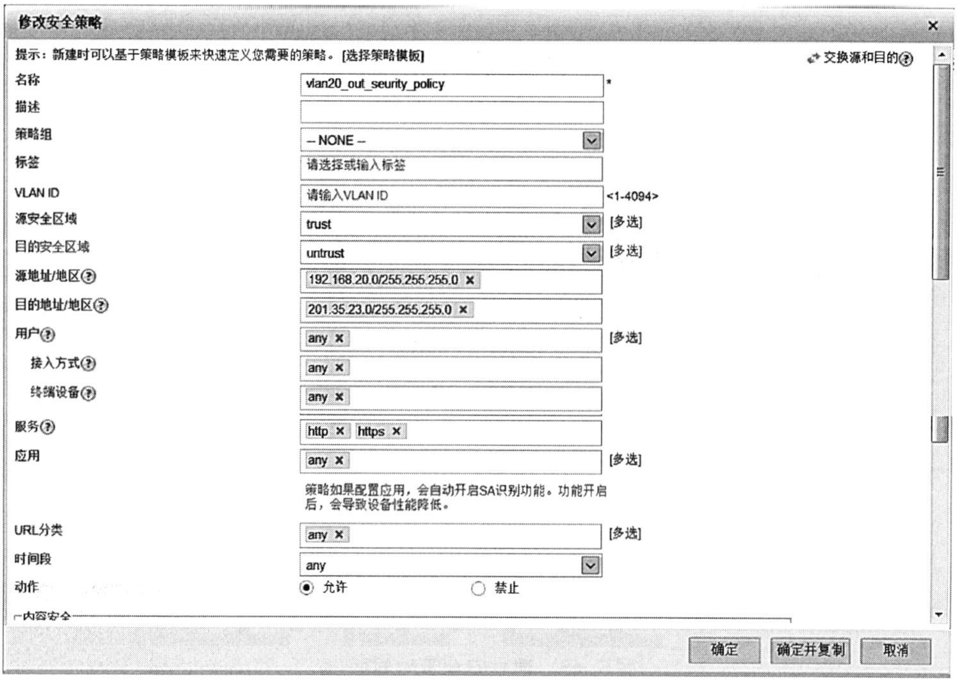

图5-43　建立安全策略界面-2

（8）如图5-44所示配置VLAN10主机访问内网HTTP Server的安全策略。

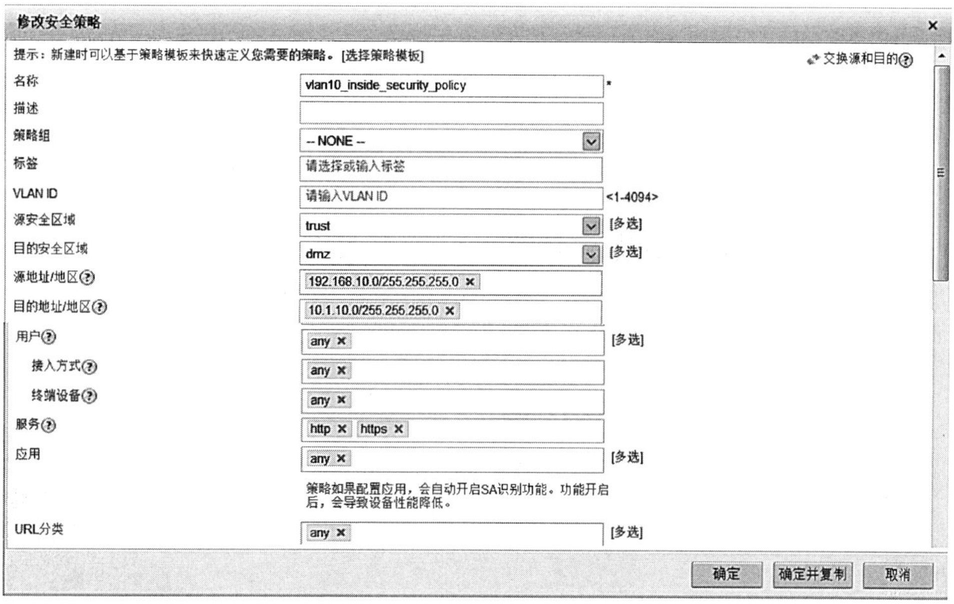

图5-44　建立安全策略界面-3

（9）如图5-45所示配置VLAN20主机访问内网FTP Server的安全策略。

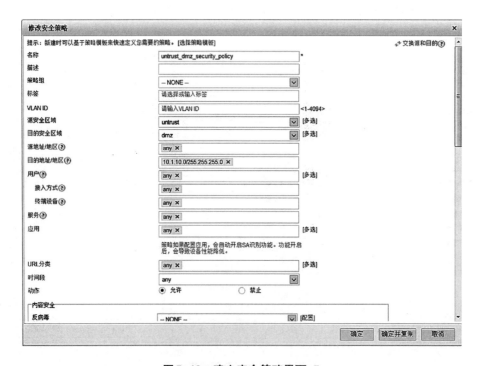

图5-45　建立安全策略界面-4

（10）如图5-46所示配置untrust安全区域访问dmz安全区域的安全策略。

图5-46　建立安全策略界面-5

（11）如图5-47所示配置内网主机去往外网的NAT策略。

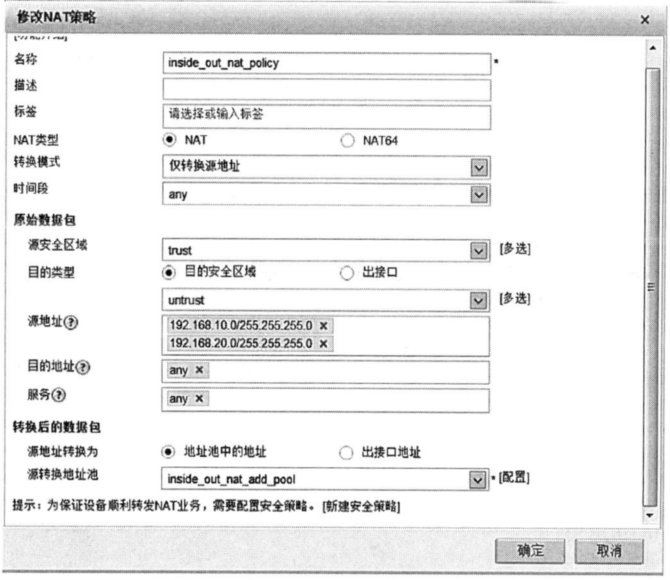

图5-47 建立NAT策略界面

（12）如图5-48所示配置HTTP Server的NAT映射。

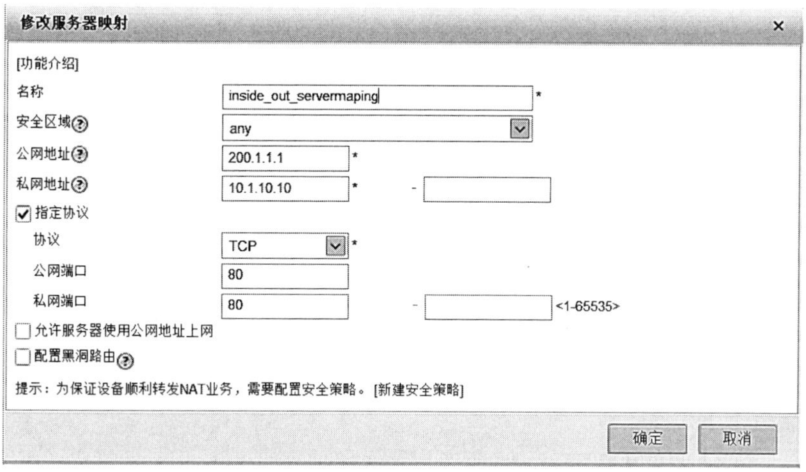

图5-48 建立NAT映射界面

五、知识拓展

思科防火墙区域划分：

思科防火墙默认三种区域：inside、outside、dmz，默认outside和dmz级别为0，inside安全级别为100。默认情况下，思科防火墙的本地流量是通的，不需要放行，和

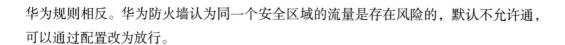

华为规则相反。华为防火墙认为同一个安全区域的流量是存在风险的，默认不允许通，可以通过配置改为放行。

习题强化

1. 某公司申请了公网IP：212.1.1.100/24，为了内网安全及节约成本，要求内网通过防火墙的NAT方式访问外网。如果你是一名网管，请完成相关配置。网络拓扑如图5-49所示。

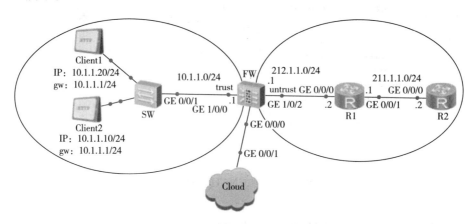

图5-49　防火墙NAT服务器配置网络拓扑

2. 某企业建立一Web服务器，要求内网用户和Web服务器在同一网段192.168.10.0/24，内网用户在trust安全区域，Web服务器在DMZ安全区域。企业采用上行接入Internet采用（固定IP方式），向ISP申请获得IP地址202.102.20.1。现要求内网用户和外网用户均通过公网地址202.102.20.1和端口8100访问Web服务器。请你根据要求，完成相关配置。网络拓扑如图5-50所示。

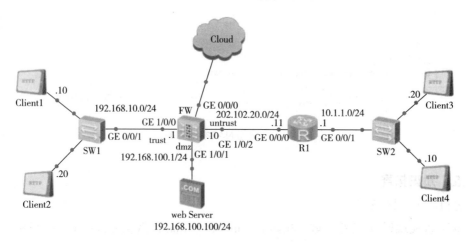

图5-50　防火墙NAT服务器映射配置网络拓扑

项目知识结构

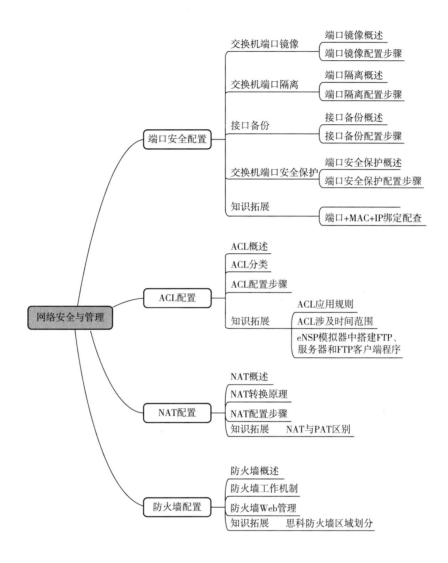

项目6 无线局域网配置

与有线局域网相比，无线局域网具有开发运营成本低、布网灵活、安装便捷、可移动性、易扩展等优势。无线局域网已广泛应用于家庭、办公室、企业、医院、商场、工厂、学校等场合。本项目将学习无线局域网的配置。

👆 项目分析

在无线局域网中，AP（Access Point，无线访问节点）是无线网络设备接入有线网络的接入点，提供无线工作站对有线局域网以及有线局域网对无线工作站的访问。根据无线局域网中AP的功能及是否有AC（Access Controller），无线网络组网分为FAT AP和FIT AP。FAT AP无线网络配置简单，广泛应用于小微企业、餐饮门店、家庭场景；FIT AP无线网络需要AC统一管理，配置相对复杂，广泛应用于企业、酒店、学校、医院、政府机构、景区等需要较多AP的中大型覆盖场景。对于一名网管人员或网络工程师来说，掌握FAT AP无线局域网和FIT AP无线局域网的配置是一项必备的技能。

👆 知识目标

- 了解无线局域网典型组网模式。
- 理解FIT AP工作原理。
- 掌握FAT AP二层组网和FAT AP三层组网配置方法。
- 掌握FIT AP直连二层组网和FIT AP旁挂三层组网配置。

👆 能力目标

- 学会FIT AP组网配置流程。
- 能够应用FAT AP二层组网和FAT AP三层组网组建无线局域网。
- 能够应用FIT AP直连二层组网和FIT AP旁挂三层组网组建无线局域网。

素养目标

- 提高学生知识产权保护意识。
- 提高学生具体问题具体分析的能力。
- 增强学生国家品牌意识。
- 提高学生国家自豪感与民族自信心。

一、相关知识

（一）无线局域网简介

无线局域网（Wireless Local Area Networks，WLAN）是指利用无线射频（Radio Frequency，RF）技术将计算机设备互联起来，构成可以互相通信和实现资源共享的网络体系。

1997 年 6 月，第一个无线局域网标准 IEEE802.11 正式颁布实施，为无线局域网技术提供了统一标准，当时的传输速率为 1 ~ 2 Mbps。随后，IEEE 委员会制定了 IEEE802.11a、IEEE802.11b、IEEE802.11g、IEEE802.11n、IEEE802.11ac 等 WLAN 标准。目前使用最多的是 802.11n（第四代）和 802.11ac（第五代）标准。IEEE802.11n 数据传输速率可达 600Mbps。IEEE802.11ac 工作在 5GHz 频率，数据传输速率可达 1Gbps。IEEE802.11 协议族见表 6-1。

表 6-1　802.11 协议族

无线协议标准	技术代数发布时间	工作频率 GHz	信道数	数据传输速率
802.11a	第一代 1999 年	5	23	54Mb/s
802.11b	第二代 1999 年	2.4	3	11Mb/s
802.11g	第三代 2003 年	2.4	3	54Mb/s
802.11n	第四代 2009 年	2.4/5	14	600Mb/s
802.11ac	第五代 2013 年	5	23	1Gb/s

WLAN 组网模式通常分为两种，分别是 FAT AP（胖 AP）和 FIT AP（瘦 AP）两种模式。FAT AP 由 AP（Access Point）和有线交换机组成，FIT AP 由 AP 和 AC（Access Controller，无线接入控制器）组成。

FAT AP 组网模式中，AP 实现自我管理，将天线、加密、认证、网管、漫游、安全集于一身。通常，AP 都会有单独的网页或者命令行配置页面，用户使用时无须其他附属设备，采用单独的 AP 即可提供无线接入功能，组网简单。胖 AP 可以看作无线路由器，一般在家庭、小型办公场所或小型超市、饭馆内使用。

FIT AP模式中，AP只能充当一个被管理者的角色，AP本身不能进行配置，需要AC进行集中配置管理。在AP数量众多的时候，通过AC无线控制器来管理配置，能够简化工作量。

FAT AP、FIT AP典型组网模式如图6-1和图6-2所示。

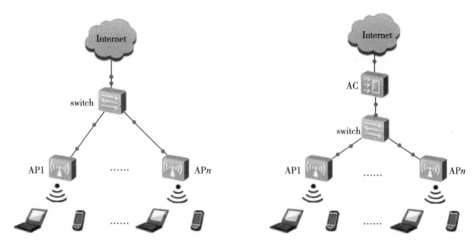

图6-1　FAT AP典型组网模式　　　　图6-2　FIT AP典型组网模式

（二）FIT AP模式工作原理

在FIT AP模式中，对设备的功能进行了重新划分。其中AC负责无线网络的接入控制、转发和统计、AP的配置监控、漫游管理、AP的网管代理、安全控制；AP负责802.11报文的加解密、802.11的物理层功能、接受无线控制器的管理、RF空口的统计等简单功能。无线控制器AC通过与AP之间建立的隧道来控制和管理AP。FIT AP工作原理如图6-3所示。

FIT AP模式可以对AP进行集中化配置、监控和管理，增强对用户和业务的控制，完成对AP的统一管理，避免多个AP之间的信道冲突、信息干扰等，从而增加无线网络的稳定性及可用性。

AC和AP间采用CAPWAP协议进行通讯，并由此实现对AP的集中管理和自动配置。

CAPWAP（Control and Provisioning of Wireless Access Points Protocol Specification，无线接入点控制与配置协议）由两个部分组成：CAPWAP协议和无线BINDING协议。

CAPWAP协议是一个通用的隧道协议，完成AP发现AC等基本协议功能，与具体的无线接入技术无关，BINDING协议提供具体和某个无线接入技术相关的配置管理功能。CAPWAP通过UDP接口5246（控制接口）和5247（数据接口）进行通信。

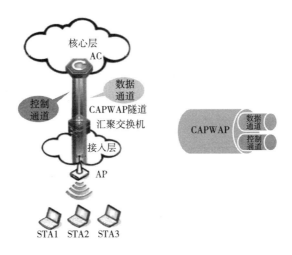

图6-3 FIT AP工作原理示意图

CAPWAP作为隧道协议，运行在UDP协议之上，分为控制通道和数据通道。控制通道用于配置和收集设备状态信息，数据通道用于承载设备间的数据业务流量。

AC与AP之间通过建立CAPWAP隧道进行集中管理和数据通信，AP与AC之间可以跨二、三层网络（NAT）。

CAPWAP隧道的建立需要经历七个过程：AP通过DNS、DHCP、静态配置IP地址、广播等方式获取AC IP地址→AP发现AC→AP请求加入AC→AP自动升级→AP配置下发→AP配置确认→通过CAPWAP隧道转发数据。CAPWAP隧道建立过程如图6-4所示。

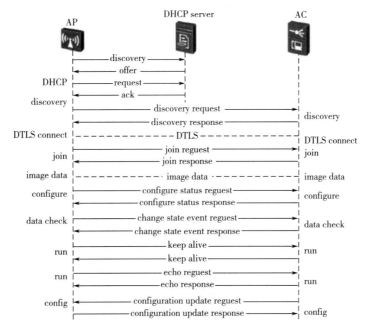

图6-4 CAPWAP隧道建立过程

1. AP通过DHCP获取IP地址

FIT AP默认是"零"配置，需要通过DHCP方式获取IP地址。在通过DHCP获取IP地址的过程中，通过DHCP Option获取AC的IP地址；如果跨网段，则可以通过DHCP Option 43获取AC的IP地址。

2. AP发现AC，discovery状态

AP关联AC，获取AC IP 列表。

3. AP请求加入AC，join状态

AP与AC建立控制通道交互过程，在交互过程中，AC检查AP版本，如果AP版本与AC要求不匹配，进入image data状态进行升级。如版本符合要求，则进入configuration状态。

4. AP自动升级，image data状态

Image Data 状态是AC 对AP（WTP）升级的过程，目的是使AP 的版本正常，AC 通过CAPWAP 控制报文下发升级版本给AP，而不是通过CAPWAP 数据报文。

5. AP配置下发，configuration状态

当AP 比较版本后判定AP 不需要升级，或者当AP 已经升级完毕时，AC 开始下发配置给AP。

6. AP配置确认，隧道建立成功，run状态

AC下发配置后还需要确认配置是否在AP 上执行成功。当AP 进入run 状态，说明AP 与AC 的控制和数据通道建立已成功，AC可实时监控AP运行状态。用户可根据需要，对指定的AP 做配置设置，如创建WLAN、设置信道、调整发射功率等。

7. 通过CAPWAP隧道转发数据

数据转发方式分为本地转发和集中转发。

（1）本地转发：指用户的报文不经过AC，直接在AP侧进行本地转发。

上行报文：AP接收到用户的数据报文之后，直接在本地转发到用户的网关，而不通过CAPWAP隧道发送到AC；

下行报文：ISP下行给用户的数据报文先发到用户的网关（三层交换机、路由器等），然后由网关转发给相应AP，最后由AP通过无线通道传送给用户；

（2）集中转发：用户的所有报文需要经过AC进行集中转发。

上行报文：AP接收到用户的数据报文之后，通过CAPWAP隧道传输到AC，再由AC进行转发；

下行报文：ISP下行给用户的数据报文先发到AC，由AC将报文通过CAPWAP隧道发送到相应的AP，再通过无线发送给用户。

（三）FAT AP组网模式

根据AP在网络中是否作为DHCP服务器为STA分配IP地址，FAT AP组网模式可分

为二层组网和三层组网。二层组网如图 6-5 所示，三层组网如图 6-6 所示。在二层FAT AP组网模式中，Router作为AP和STA的DHCP服务器，为STA和AP分配IP，AP只起数据透传作用；在三层FATP AP组网模式中，AP以静态IP地址方式接入有线网络，AP作为DHCP服务器为STA分配IP。

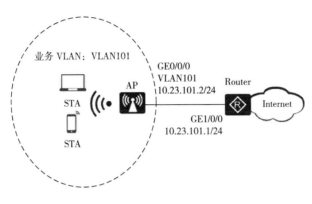

图6-5 FAT AP二层组网

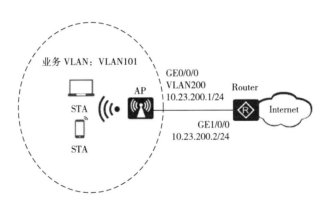

图6-6 FAT AP三层组网

（四）FIT AP组网模式

根据AP与AC的通信连接方式，FIT AP组网模式可分为二层组网和三层组网。在二层组网模式中，AC与AP在一个网段，AP可以通过广播直接访问AC，而不需要三层路由。而在三层组网模式中，AC和AP不在一个网段，AP不能与AC进行二层直接通信，必须跨网段路由。

根据AC在网络中的位置，FIT AP组网模式又可分为直连式组网和旁挂式组网。

直连式组网模式中，AP、AC与上层网络串联在一起，所有数据必须通过AC到达上层网络。直连式组网模式中，AC同时扮演AC和汇聚交换机的功能，AP的数据业务和管理业务都由AC集中转发和处理。采用这种组网方式，对AC的吞吐量以及处理数据能力要求比较高，否则AC会成为整个无线网络带宽的瓶颈。但此种组网架构清晰，组网实施起来简单。

　　旁挂式组网模式中，AC旁挂在AP与上行网络的直连网络中，不再直接连接AP，AP的业务数据不经过AC而直接到达上行网络。在旁挂式组网中，AC只承载对AP的管理功能，管理流封装在CAPWAP控制隧道中传输。数据业务流通过CAPWAP数据隧道经AC转发，也可以不经过AC而直接转发。当不经AC直接转发时，无线用户业务流经汇聚交换机，由汇聚交换机传输至上层网络。

　　FIT AP常见的组网模式有二层直连式、三层直连式和三层旁挂式，分别如图6-7、图6-8、图6-9所示。

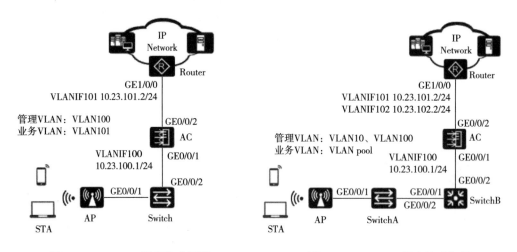

图6-7　FIT AP二层直连式组网　　　　　图6-8　FIT AP三层直连式组网

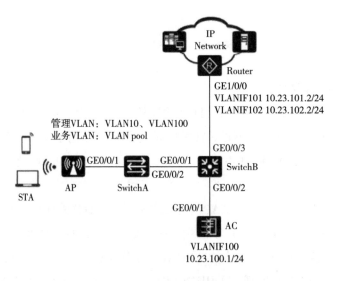

图6-9　FIT AP三层旁挂式组网

（五）FIT AP组网模式基本业务配置流程

（1）创建AP组。

（2）配置网络互通。

（3）配置AC系统参数。

（4）配置AC为FIT AP下发WLAN业务。

FIT AP组网模式基本业务配置流程如图6-10所示。

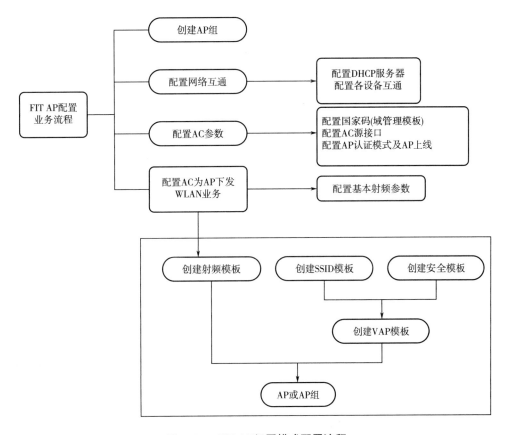

图6-10 FIT AP组网模式配置流程

任务1 FAT AP二层组网配置

一、任务描述

某公司计划建设无线局域网，由于公司规模较小，确定采用FAT AP二层组网模式。FAT AP通过有线方式接入互联网，通过无线方式连接终端。无线网络名为"wlan-net"，AR作为DHCP服务器为工作人员分配IP地址，FAT AP负责DHCP报文的二层透传。请根据图6-11所示网络拓扑完成相关配置，实现公司要求。

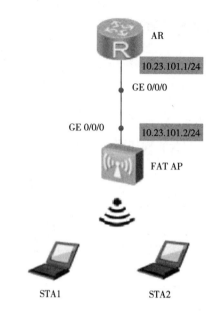

图6-11　FAT AP二层组网配置实例网络拓扑

二、配置思路

（1）配置AR作为DHCP服务器，为STA分配IP地址。

（2）使用WLAN配置向导，配置WLAN基本业务。

（3）配置AP的信道和功率。

（4）STA关联WLAN网络，完成业务验证。

三、任务实施

（1）配置AR作为DHCP服务器，为STA分配IP地址，配置基于接口地址池的DHCP服务器，GE0/0/0为STA提供IP地址。

[Huawei]sys

[Huawei]sysname AR

[AR]interface GigabitEthernet 0/0/0

[AR–GigabitEthernet0/0/0]ip address 10.23.101.1 24

[AR–GigabitEthernet0/0/0]dhcp select interface　//使用接口IP作为网关

[AR–GigabitEthernet0/0/0]dhcp server excluded–ip–address 10.23.101.2 //DHCP服务器分配IP地址时不分配地址10.23.101.2

[AR–GigabitEthernet0/0/0]quit

[AR]

（2）配置WLAN基本业务。

①配置SSID基本信息如图6-12所示。

图6-12　SSID基本信息

②配置地址及业务VLAN如图6-13所示。

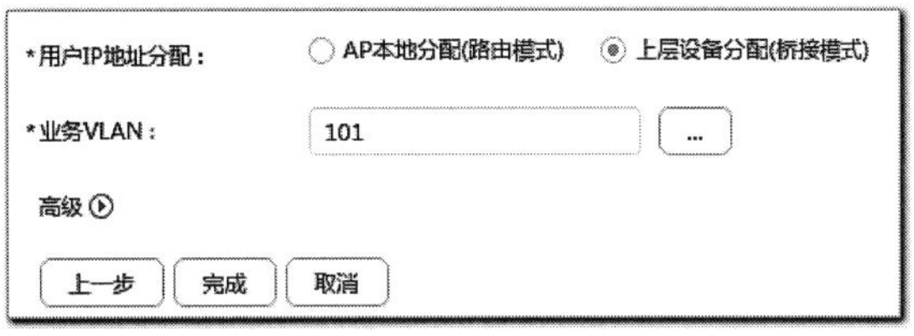

图6-13　用户IP地址分配及业务VLAN

③配置上网连接参数如图6-14所示。

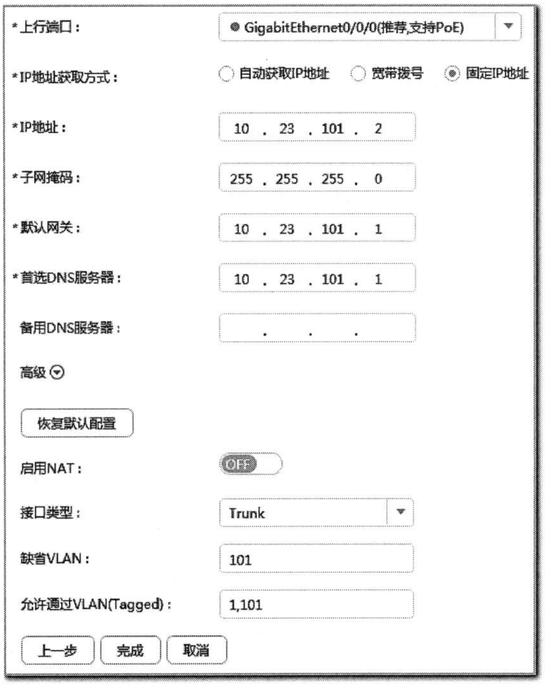

图6-14　上网连接参数

（3）配置AP的信道和功率如图6-15所示。

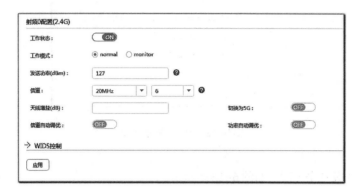

图6-15　配置AP信道和功率

（4）验证。

①无线用户可以搜索到SSID为"wlan-net"的无线网络。

②无线用户可以关联到无线网络中，获取到的IP地址为 10.23.101.254/24 如图 6-16 所示。

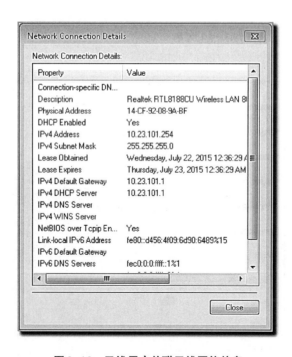

图6-16　无线用户关联无线网络信息

③单击"监控 > 终端管理 > 终端用户管理"。在"终端用户列表"中可以看到STA 正常上线，并获得IP地址。

任务2　FAT AP 三层组网配置

一、任务描述

　　某公司计划建设无线局域网，由于公司规模较小，确定采用FAT AP三层组网模式。FAT AP以静态IP地址方式接入Internet，通过无线方式连接终端。无线网络名为"wlan-net"，FAT AP作为DHCP服务器为工作人员分配IP地址。请你根据图6-17所示网络拓扑完成相关配置，实现公司要求。

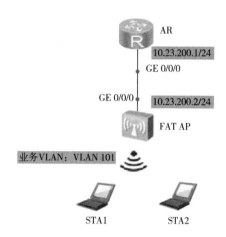

图6-17　FAT AP三层组网配置实例网络拓扑

二、配置思路

（1）配置AR和AP之间网络互通。

（2）使用WLAN配置向导，配置WLAN基本业务。

（3）配置AP的信道和功率。

（4）STA关联WLAN网络，完成业务验证。

三、任务实施

（1）配置AR，使AR与AP之间网络互通。

[Huawei]sys

[Huawei]sysname AR

[AR]interface GigabiteEhernet 0/0/0

[AR-GigabitEthernet0/0/0]ip address 10.23.200.1 24

[AR-GigabitEthernet0/0/0]quit

[AR]ip route-static 10.23.101.0 255.255.255.0 10.23.200.2

（2）配置WLAN基本业务。

①配置SSID基本信息见图6-12。

②配置地址参数如图6-18所示。

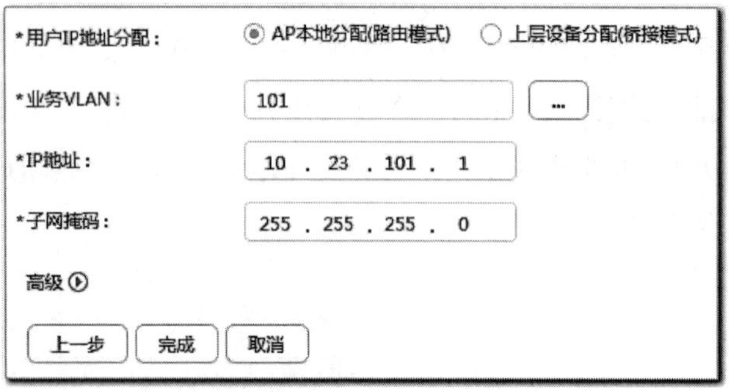

*用户IP地址分配：	⊙ AP本地分配(路由模式) ○ 上层设备分配(桥接模式)
*业务VLAN：	101 ...
*IP地址：	10 . 23 . 101 . 1
*子网掩码：	255 . 255 . 255 . 0
高级 ⊙	
上一步 完成 取消	

图6-18　AP本土分配参数

③配置上网连接参数如图6-19所示。

*上行端口：	⊙ GigabitEthernet0/0/0(推荐,支持PoE) ▼
*IP地址获取方式：	○ 自动获取IP地址 ○ 宽带拨号 ⊙ 固定IP地址
*IP地址：	10 . 23 . 200 . 1
*子网掩码：	255 . 255 . 255 . 0
*默认网关：	10 . 23 . 200 . 2
*首选DNS服务器：	10 . 23 . 200 . 2
备用DNS服务器：	. . .
高级 ⊙	
恢复默认配置	
启用NAT：	OFF
接口类型：	Trunk ▼
缺省VLAN：	200
允许通过VLAN(Tagged)：	1,200
上一步 完成 取消	

图6-19　上网连接参数-2

（3）配置AP的信道和功率见图6-15。

（4）配置缺省路由如图6-20所示。

图6-20　路由配置

（5）验证。

①无线用户可以搜索到SSID为"wlan-net"的无线网络。

②无线用户可以关联到无线网络中，获取到的IP地址为10.23.101.x/24，网关为10.23.101.1。

③单击"监控 > 终端管理 > 终端用户管理"。在"终端用户列表"中可以看到STA正常上线，并且获得IP地址。

任务3　FIT AP直连二层组网配置

一、任务描述

某公司计划计划采用FIT AP直连二层组网直接转发模式建设无线局域网，无线网络SSID为"myap"。AC作为DHCP服务器为AP和STA分配IP地址，业务数据直接转发。请你根据图6-21所示网络拓扑完成相关配置，实现公司要求。

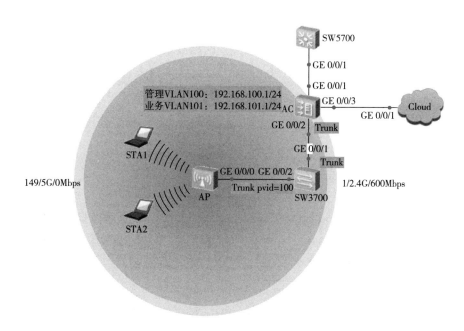

图6-21　FIT AP直连二层配置实例网络拓扑

二、数据规划（见表6-2）

表6-2　FIT AP直连二层组网数据规划

配置项	数据
AP管理VLAN	VLAN100
STA业务VLAN	VLAN101
DHCP服务器	AC作为DHCP服务器为AP和STA分配IP地址
AP的IP地址池	192.168.100.2 ~ 192.168.100.254/24
STA的IP地址池	192.168.101.3 ~ 192.168.101.254/24
AC的源接口IP地址	VLANIF100：192.168.100.1/24
AP组	my-group
SSID名称	myap

三、配置思路

（1）配置AP、AC和周边网络设备之间实现网络互通。

（2）使用配置向导，配置AC系统参数。

（3）使用配置向导，配置AP在AC上线。

（4）终端连接至AP，用户获得IP地址正常通信。

四、任务实施

（1）配置AP、AC和周边网络设备之间实现网络互通。

①配置接入交换机SW3700的GE0/0/1和GE0/0/2接口为Trunk口，GE0/0/2的缺省VLAN为VLAN100。

<Huawei>sys

[Huawei]sys SW3700

[SW3700]interface GigabitEthernet 0/0/2

[SW3700-GigabitEthernet0/0/2]port link-type Trunk

[SW3700-GigabitEthernet0/0/2]port Trunk pvid VLAN 100　//配置该接口默认VLAN为100

[SW3700-GigabitEthernet0/0/2]port Trunk allow-pass VLAN 100 101

[SW3700-GigabitEthernet0/0/2]interface GigabitEthernet 0/0/1

[SW3700-GigabitEthernet0/0/1]port link-type Trunk

[SW3700-GigabitEthernet0/0/1]port Trunk allow-pass VLAN 100 101

[SW3700-GigabitEthernet0/0/1]quit

[SW3700]

②配置AC，建立管理VLAN和业务VLAN，启动AC Web配置功能。

\<AC6605\>sys

[AC6605]sys AC

[AC]VLAN batch 100 101

[AC]interface VLAN 100

[AC−VLANif100]ip address 192.168.100.1 24

[AC−VLANif100]interface VLAN 101

[AC−VLANif101]ip address 192.168.101.1 24

[AC−VLANif101]quit

[AC]http server enable //开启AC Web管理功能

[AC]interface VLAN 1

[AC−VLANif1]ip address 192.168.0.1 24

[AC−VLANif1]quit

[AC]face GigabitEthernet 0/0/2

[AC−GigabitEthernet0/0/2]port link−type Trunk

[AC−GigabitEthernet0/0/2]port Trunk allow−pass VLAN 100 101

[AC−GigabitEthernet0/0/2]interface GigabitEthernet 0/0/1

[AC−GigabitEthernet0/0/1]port link−type Trunk

[AC−GigabitEthernet0/0/1]port Trunk allow−pass VLAN 101

[AC−GigabitEthernet0/0/1]quit

[AC]

③配置SW5700的接口GE 0/0/1加入VLAN101，创建接口VLANIF101并配置IP地址为196.168.101.1/24。

\<Huawei\>sys

[Huawei]sys SW5700

[SW5700]VLAN 101

[SW5700−VLAN101]quit

[SW5700]interface VLAN 101

[SW5700−VLANif101]ip address 192.168.101.1 24

[SW5700−VLANif101]quit

[SW5700]interface GigabitEthernet 0/0/1

[SW5700−GigabitEthernet0/0/1]port link−type Trunk

[SW5700−GigabitEthernet0/0/1]port Trunk allow−pass VLAN 101

[SW5700−GigabitEthernet0/0/1]quit

[SW5700]

（2）使用配置向导，配置AC系统参数。

①在绑定虚拟机浏览器上输入192.168.0.113，虚拟主机登录AC界面如图6-22所示。

图6-22　虚拟主机登录AC界面

②点击"忽略警告，继续访问"，输入用户名：admin，密码：admin@huawei.com，如图6-23所示。

图6-23　虚拟主机初次登录AC界面

③重置密码，如图6-24所示。

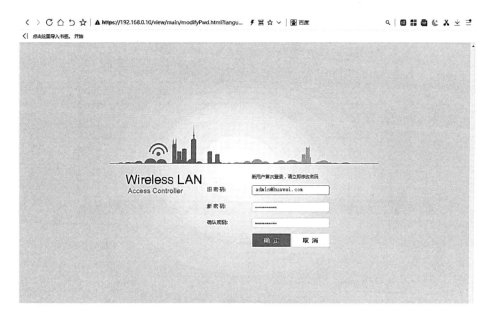

图6-24 AC密码重置界面

④重置密码后，登录到AC管理界面，如图6-25所示。

图6-25 AC管理界面

⑤通过快速配置方式，配置AC，如图6-26～图6-32所示。

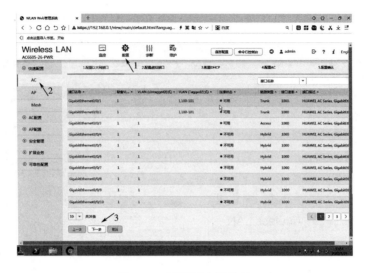

图6-26　配置以太网接口

图6-27　配置虚拟接口

图6-28　配置业务VLAN地址池

图6-29 配置管理VLAN地址池

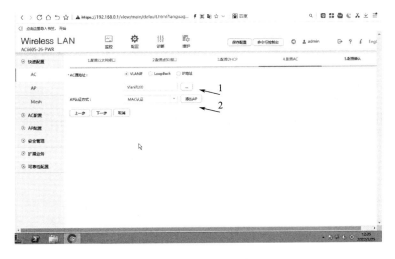

图6-30 配置AC源地址

图6-31 添加AP

255

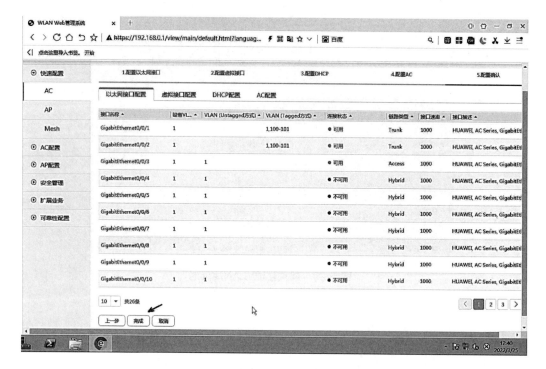

图6-32　完成AC配置

（3）使用配置向导，配置AP在AC上线，如图6-33～图6-35所示。

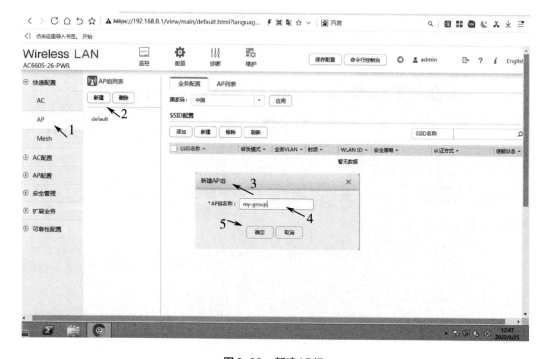

图6-33　新建AP组

图6-34 向AP组添加AP

图6-35 配置AP上线

（4）终端连接至AP，用户获得IP地址并正常通信。

终端分别设置为DHCP IP配置模式，在VAP列表中选择"myap"，点击"连接"，STA连接AP后获得动态IP如图6-36所示，实现上网。

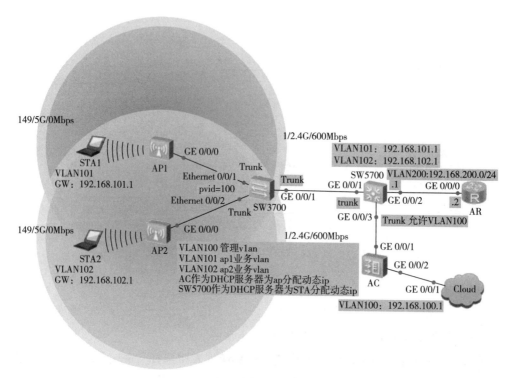

图6-36　STA连接AP所获动态IP信息

任务4　FIT AP 旁挂二层组网配置

一、任务描述

　　某公司计划采用FIT AP旁挂二层组网直接转发模式建设无线局域网，两无线网络用户群SSID分别是："myap-1"和"myap-2"，交换机SW5700 作为DHCP服务器为AP和STA分配IP地址，业务数据直接转发。请你根据图 6-37 所示网络拓扑完成相关配置，实现公司要求。

图6-37　FIP AP旁挂二层组网实例网络拓扑

二、数据规划（表6-3）

表6-3　FIP AP旁挂二层组网数据规划

配置项	数据
AP管理VLAN	VLAN100
STA业务VLAN	VLAN101、VLAN102
DHCP服务器	AC作为DHCP服务器为AP分配IP地址 SW5700作为DHCP服务器为STA分配IP地址
AP1、AP2IP地址池	192.168.100.2 ~ 192.168.100.254/24
STA1 地址池	192.168.101.2 ~ 192.168.101.254/24
STA2 地址池	192.168.102.2 ~ 192.168.102.254/24
AC的源接口IP地址	VLANIF100:192.168.100.1/24
AP1组	my-group-1 SSID:myap-1
AP2组	my-group-2 SSID:myap-2

三、配置思路

（1）配置AP、AC和周边网络设备之间实现网络互通。

（2）使用配置向导，配置AC系统参数。

（3）使用配置向导，配置AP在AC上线。

（4）终端连接至AP，用户获得IP地址并正常通信。

四、任务实施

（1）配置AP、AC和周边网络设备之间实现网络互通

配置接入交换机SW3700的Ethernet 0/0/1 和Ethernet 0/0/2 接口为Trunk口，缺省VLAN为VLAN100；配置SW3700接口GE 0/0/1 为Trunk口。

<Huawei>sys

[Huawei]sys SW3700

[SW3700]VLAN batch 100 to 102

[SW3700]interface Ethernet0/0/1

[SW3700-Ethernet0/0/1]port link-type Trunk

[SW3700-Ethernet0/0/1]port Trunk pvid VLAN 100　//配置缺省VLAN为100

[SW3700-Ethernet0/0/1]port Trunk allow-pass VLAN 100 101

[SW3700-Ethernet0/0/1]interface Ethernet0/0/2

[SW3700-Ethernet0/0/2]port link-type Trunk

[SW3700-Ethernet0/0/2]port Trunk pvid VLAN 100

[SW3700-Ethernet0/0/2]port Trunk allow-pass VLAN 100 102

[SW3700-Ethernet0/0/2]quit

[SW3700]interface GigabitEthernet0/0/1

[SW3700-GigabitEthernet0/0/1]port

[SW3700-GigabitEthernet0/0/1]port link-type Trunk

[SW3700-GigabitEthernet0/0/1]port Trunk allow-pass VLAN 100 to 102

[SW3700-GigabitEthernet0/0/1]quit

[SW3700]

（2）配置SW5700，配置DHCP服务。

<Huawei>sys

[Huawei]sys SW5700

[SW5700]VLAN batch 100 to 102

[SW5700]VLAN 200

[SW5700-VLAN200]quit

[SW5700]interface GigabitEthernet0/0/1

[SW5700-GigabitEthernet0/0/1]port link-type Trunk

[SW5700-GigabitEthernet0/0/1]port Trunk allow-pass VLAN 100 to 102

[SW5700-GigabitEthernet0/0/1]interface GigabitEthernet 0/0/3

[SW5700-GigabitEthernet0/0/3]port link-type Trunk

[SW5700-GigabitEthernet0/0/3]port Trunk allow-pass VLAN 100

[SW5700-GigabitEthernet0/0/3]interface GigabitEthernet0/0/2

[SW5700-GigabitEthernet0/0/2]port link-type Access

[SW5700-GigabitEthernet0/0/2]port default VLAN 200

[SW5700-GigabitEthernet0/0/2]quit

[SW5700]inter VLAN 101

[SW5700-VLANif101]ip address 192.168.101.1 24

[SW5700-VLANif101]interface VLAN 102

[SW5700-VLANif102]ip address 192.168.102.1 24

[SW5700-VLANif102]interface VLAN 200

[SW5700-VLANif200]ip address 192.168.200.1 24

[SW5700-VLANif200]quit

[SW5700]inter VLAN 101

[SW5700-VLANif101]dhcp select interface //配置VLAN101 DHCP IP地址分配为接口模式

[SW5700-VLANif101]dhcp server dns-list 114.114.114.114 8.8.8.8 //配置DNS服务器地址

[SW5700-VLANif101]interface VLAN 102

[SW5700-VLANif102]dhcp select interface

[SW5700-VLANif102]dhcp server dns-list 114.114.114.114 8.8.8.8

[SW5700-VLANif102]interface VLAN 200

[SW5700-VLANif200]quit

[SW5700]ip route-static 0.0.0.0 0 192.168.200.2 //配置静态路由

[SW5700]

（3）配置路由器AR。

<Huawei>sys

[Huawei]sys AR

[AR]interface GigabitEthernet0/0/0

[AR-GigabitEthernet0/0/0]ip address 192.168.200.2 24

[AR-GigabitEthernet0/0/0]quit

[AR]ip route-static 192.168.0.0 255.255.0.0 192.168.200.1 //配置通往 192.168.0.0 网段静态路由

[AR]

（4）配置AC，建立管理VLAN，启动AC Web配置功能。

<AC6605>sys

[AC6605]sys AC

[AC]interface GigabitEthernet0/0/1

[AC-GigabitEthernet0/0/1]port link-type Trunk

[AC-GigabitEthernet0/0/1]port Trunk allow-pass VLAN 100

[AC-GigabitEthernet0/0/1]quit

[AC]VLAN 100

[AC-VLAN100]quit

[AC]dhcp enable //启动dhcp服务

[AC]interface VLAN 100

[AC-VLANif100]ip address 192.168.100.1 24

[AC-VLANif100]dhcp select interface

[AC-VLANif100]dhcp server dns-list 114.114.114.114 8.8.8.8

[AC-VLANif100]quit

[AC]http server enable

[AC]interface VLAN 1

[AC–VLANif1]ip address 192.168.0.10 24

[AC–VLANif1]quit

[AC]

（5）使用配置向导，配置AC，添加AC源地址和AP，如图6-38、图6-39所示。

图6-38　配置AC源地址

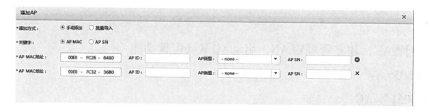

图6-39　添加AP

（6）使用配置向导，配置AP在AC上线，步骤如图6-40~图6-44所示。

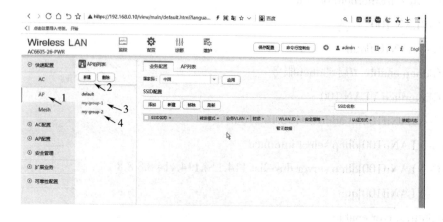

图6-40　新建AP组

图6-41 配置AP组1

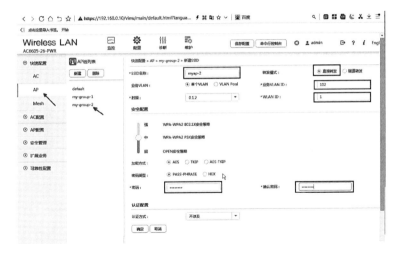

图6-42 配置AP组2

图6-43 向AP组1添加AP

图6-44　向AP组2添加AP

（7）终端连接至AP，用户获得IP正常通信，如图6-45~图6-48所示。

图6-45　无线终端STA1成功连接WIFI

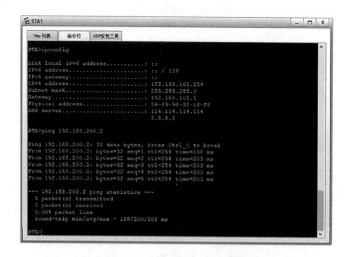

图6-46　无线终端STA1正常通信

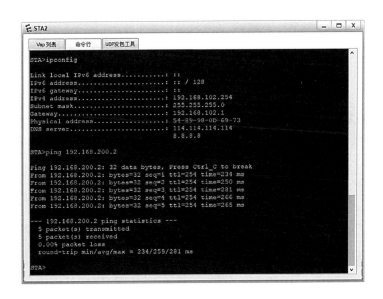

图6-47 无线终端STA2成功连接WiFi

图6-48 无线终端STA2正常通信

任务5 FIT AP旁挂三层组网配置

一、任务描述

某公司计划采用FIT AP旁挂三层组网直接转发模式建设无线局域网，两无线网络用户群SSID分别是"myap-1"和"myap-2"，交换机SW5700作为DHCP服务器为AP和STA分配IP地址，业务数据直接转发。请你根据图6-49所示网络拓扑完成相关配置，实现公司要求。

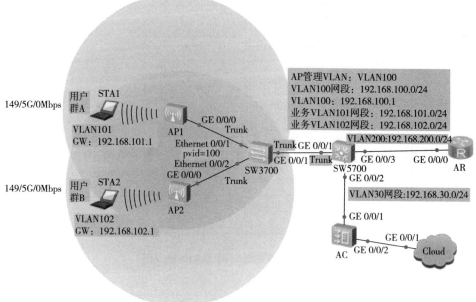

图6-49　FIT AP旁挂三层组网实例网络拓扑

二、数据规划（表6-4）

表6-4　FIT AP旁挂三层组网数据规划

配置项	数据
AP管理VLAN	VLAN100
STA业务VLAN	VLAN101、VLAN102
DHCP服务器	SW5700作为DHCP服务器为AP和STA分配IP地址
AP1、AP2 IP地址池	192.168.100.2 ~ 192.168.100.254/24
用户群组A 地址池	192.168.101.11 ~ 192.168.101.254/24
用户群组B 地址池	192.168.102.11 ~ 192.168.101.254/24
AC的源接口IP地址	VLANIF100:192.168.100.1/24
AP1组	my-group-1 SSID:myap-1
AP2组	my-group-2 SSID:myap-2

三、配置思路

（1）配置AP、AC和周边网络设备之间实现网络互通。

（2）使用配置向导，配置AC系统参数。

（3）使用配置向导，配置AP在AC上线。

（4）终端连接至AP，用户获得IP地址并正常通信。

四、任务实施

（1）配置AP、AC和周边网络设备之间实现网络互通。

①配置接入交换机SW3700的Ethernet0/0/1和Ethernet0/0/2接口为Trunk口，缺省VLAN为VLAN100；配置SW3700接口GE0/0/1为Trunk口。

<Huawei>sys

[Huawei]sys SW3700

[SW3700]VLAN batch 100 to 102

[SW3700]interface Ethernet0/0/1

[SW3700-Ethernet0/0/1]port link-type Trunk

[SW3700-Ethernet0/0/1]port Trunk pvid VLAN 100

[SW3700-Ethernet0/0/1]port Trunk allow-pass VLAN all

[SW3700-Ethernet0/0/1]interface Ethernet0/0/2

[SW3700-Ethernet0/0/2]port link-type Trunk

[SW3700-Ethernet0/0/2]port Trunk pvid VLAN 100

[SW3700-Ethernet0/0/2]port Trunk allow-pass VLAN all

[SW3700-Ethernet0/0/2]interface GigabitEthernet0/0/1

[SW3700-GigabitEthernet0/0/1]port link-type Trunk

[SW3700-GigabitEthernet0/0/1]port Trunk allow-pass VLAN all

[SW3700-GigabitEthernet0/0/1]quit

[SW3700]

②配置SW5700，配置DHCP服务。

<Huawei>sys

[Huawei]sys SW5700

[SW5700]VLAN batch 100 to 102

[SW5700]VLAN 200

[SW5700-VLAN200]VLAN 30

[SW5700-VLAN30]quit

[SW5700]interface VLAN 100

[SW5700-VLANif100]ip address 192.168.100.1 24

[SW5700-VLANif100]interface VLAN 101

[SW5700-VLANif101]ip address 192.168.101.1 24

[SW5700-VLANif101]interface VLAN 102

[SW5700-VLANif102]ip address 192.168.102.1 24

[SW5700-VLANif102]interface VLAN 200

[SW5700-VLANif200]ip address 192.168.200.1 24

[SW5700-VLANif200]interface VLAN 30

[SW5700-VLANif30]ip address 192.168.30.1 24

[SW5700-VLANif30]quit

[SW5700]interface GigabitEthernet0/0/1

[SW5700-GigabitEthernet0/0/1]port link-type Trunk

[SW5700-GigabitEthernet0/0/1]port Trunk allow-pass VLAN all

[SW5700-GigabitEthernet0/0/1]interface GigabitEthernet0/0/3

[SW5700-GigabitEthernet0/0/3]port link-type Access

[SW5700-GigabitEthernet0/0/3]port default VLAN 200

[SW5700-GigabitEthernet0/0/3]interface GigabitEthernet0/0/2

[SW5700-GigabitEthernet0/0/2]port link-type Access

[SW5700-GigabitEthernet0/0/2]port default VLAN 30

[SW5700-GigabitEthernet0/0/2]quit

[SW5700]dhcp enable

[SW5700]ip pool pool101 //配置VLAN101 IP地址池

[SW5700-ip-pool-pool101]network 192.168.101.0 mask 24

[SW5700-ip-pool-pool101]excluded-ip-address 192.168.101.2 192.168.101.10

[SW5700-ip-pool-pool101]gateway-list 192.168.101.1

[SW5700-ip-pool-pool101]quit

[SW5700]ip pool pool102 //配置VLAN102 IP地址池

[SW5700-ip-pool-pool102]network 192.168.102.0 mask 24

[SW5700-ip-pool-pool102]gateway-list 192.168.102.1

[SW5700-ip-pool-pool102]excluded-ip-address 192.168.102.2 192.168.102.10

[SW5700-ip-pool-pool102]quit

[SW5700]interface VLAN 101

[SW5700-VLANif101]dhcp select global //启动VLAN101 DHCP全局模式

[SW5700-VLANif101]interface VLAN 102

[SW5700-VLANif102]dhcp select global //启动VLAN1012 DHCP全局模式

[SW5700-VLANif102]interface VLAN 100

[SW5700-VLANif100]dhcp select interface //启动VLAN100 DHCP接口模式

[SW5700-VLANif100]dhcp server dns-list 114.114.114.114 8.8.8.8

[SW5700-VLANif100]dhcp server option 43 sub-option 3 ascii 192.168 100.1 //AP通过DHCP服务器的option43属性直接获取AC的IP地址，从而完成在指定AC上的注册。

[SW5700-VLANif100]quit

[SW5700]ip route-static 0.0.0.0 0 192.168.200.2

[SW5700]

③配置路由器AR。

<Huawei>sys

[Huawei]sys AR

[AR]interface GigabitEthernet0/0/0

[AR-GigabitEthernet0/0/0]ip address 192.168.200.2 24

[AR-GigabitEthernet0/0/0]quit

[AR]ip route-static 192.168.101.0 255.255.255.0 192.168.200.1

[AR]ip route-static 192.168.102.0 255.255.255.0 192.168.200.1

[AR]

④配置AC，启动AC Web配置功能。

<AC6605>sys

[AC6605]sys AC

[AC]VLAN 30

[AC-VLAN30]quit

[AC]interface VLAN 30

[AC-VLANif30]ip address 192.168.30.2 24

[AC-VLANif30]quit

[AC]interface GigabitEthernet0/0/1

[AC-GigabitEthernet0/0/1]port link-type Access

[AC-GigabitEthernet0/0/1]port default VLAN 30

[AC-GigabitEthernet0/0/1]quit

[AC]interface VLAN 1

[AC-VLANif1]ip address 192.168.0.10 24

[AC-VLANif1]quit

[AC]http server enable

[AC]ip route-static 0.0.0.0 0 192.168.30.1 //配置AC缺省路由

（2）使用配置向导，配置AC，添加AC源地址和AP如图6-50、图6-51所示。

图6-50　配置AC源地址

图6-51　添加AP

（3）使用配置向导，配置AP在AC上线，步骤如图6-52～图6-56所示。

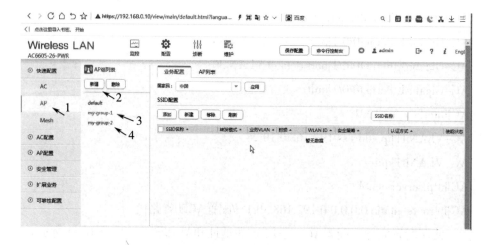

图6-52　新建AP组

图6-53　配置AP组1

图6-54　配置AP组2

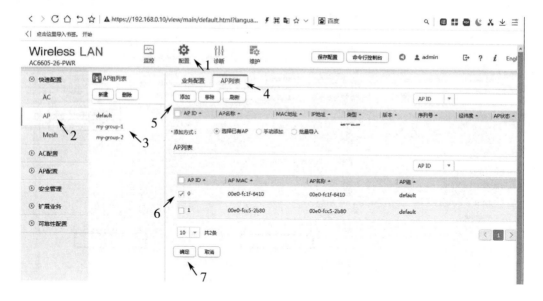

图 6-55　向 AP 组 1 添加 AP

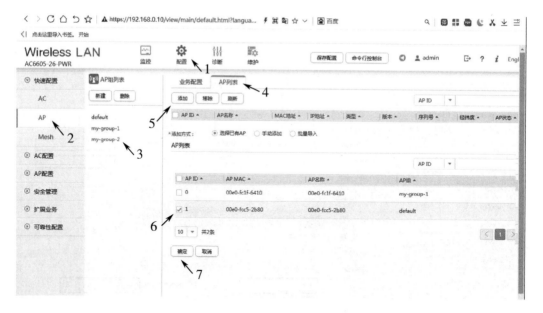

图 6-56　向 AP 组 2 添加 AP

（4）终端连接至 AP，用户获得 IP，能够正常通信，如图 6-57、图 6-58 所示。

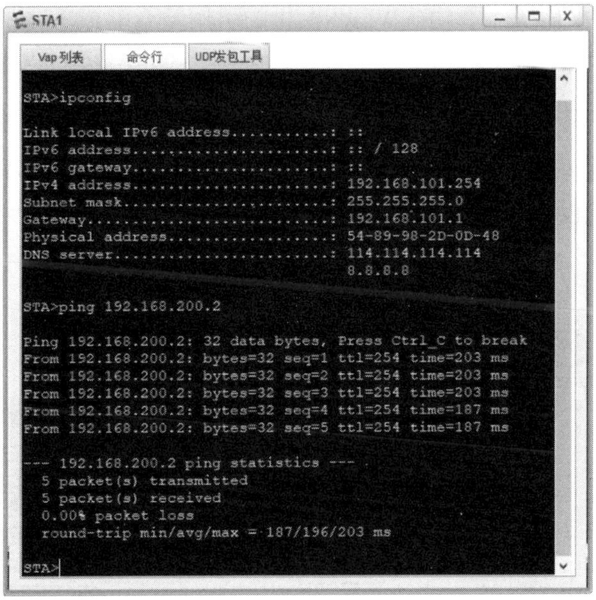

图6-57　无线终端ＳＴＡ1正常通信

图6-58　无线终端STA2正常通信

五、知识拓展

（一）WLAN模板引用关系

为了方便用户配置和维护WLAN的各个功能，针对WLAN的不同功能和特性设计了各种类型的模板，这些模板统称为WLAN模板。各个WLAN模板间存在着相互引用的关系，通过了解这些引用关系，明确WLAN模板的引用关系配置思路，便于用户顺利完成WLAN模板的配置。

如图6-59所示，AP组和AP下都能够引用如下模板：域管理模板、AP系统模板、WIDS模板、AP有线口模板、BLE模板、WDS模板、射频模板、VAP模板、定位模板、场景模板和Mesh模板。部分模板，例如射频模板，还能继续引用空口扫描模板和RRM模板。

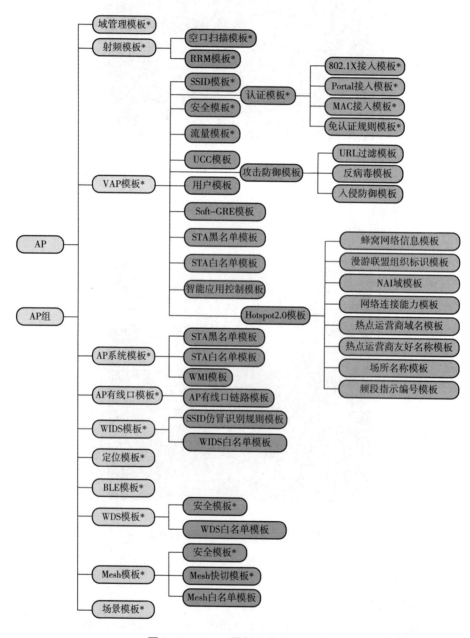

图6-59 WLAN模板及其引用关系

WLAN模板方便WLAN功能的配置和维护,当用户在配置WLAN业务功能时,只需要在对应功能的WLAN模板中进行参数配置。配置完成后,将此模板引用到上一层模板或者引用到AP组或AP中,配置就会自动下发到AP。配置下发完成后,配置的功能就会直接在AP上生效。

如果一个WLAN模板引用到了上一层模板中,还需要配置上一层模板引用到AP组或AP中。

（二）AP与AP组

WLAN网络中存在着大量的AP,为了简化AP的配置操作步骤,可以将AP加入到AP组中,在AP组中对AP进行统一配置。

如果一个AP与其他AP有着不同的配置参数,不便于通过AP组来进行统一配置,这类个性化的参数可以直接在每个AP下配置。

每个AP在上线时都会加入并且只能加入一个AP组中,当AP从AC上获取到AP组和AP个性化的配置后,会优先使用AP下的配置。

如果AP下没有配置,会直接使用AP组下的配置。

如果AP下存在配置,优先使用AP下的配置。如果AP下的配置不完整,则AP还会从AP组中获取AP下不存在的配置。

如果同一AP组内添加了多个性能不同的AP款型,且通过AP组统一下发配置,但是组内某AP的性能达不到AP组所下发的配置,则该配置对这个AP不生效。

如图6-60所示,AP ID为1的AP在获取配置时,未发现ID为1的AP下的配置,则此AP会直接使用其所属AP组"a"下的所有WLAN配置。

图6-60 AP下无配置的模板引用

如图6-52所示,AP ID为100的AP在获取配置时,发现ID为100的AP下存在个性化的配置,则此AP会优先使用AP下的所有配置。由于AP下只有域管理模板的配置,所以

AP继续从其所属AP组"a"中获取除域管理模板以外的配置，例如，图6-61中所示的VAP模板、AP系统模板和其他模板等。

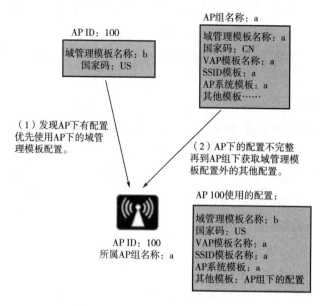

图6-61　AP部分配置的模板引用

习题强化

1. 某学校新建校园无线网络，网络拓扑如图6-62所示。学校要求WiFi名为：highschool，密码为：gzx@123456，业务数据直接转发，无线终端地址池为192.168.200.100～192.168.200.200。请你根据网络拓扑图完成VLAN配置。

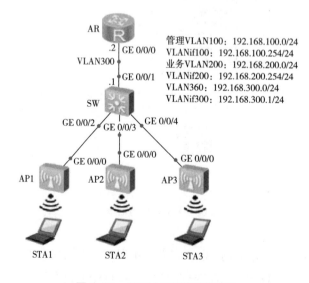

图6-62　FAT AP配置网络拓扑

2.某公司计划利用FIT AP旁挂式三层组网技术搭建WLAN，要求WiFi名为:company，密码为：123456789，业务数据直接转发，VLAN规划及网络拓扑如图6-63所示。请你根据网络拓扑图完成WLAN配置，实现公司无线终端连接Internet。

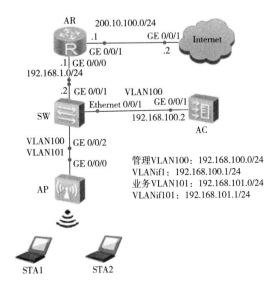

图6-63　FIT AP旁挂组网配置网络拓扑

👆 **项目知识结构**

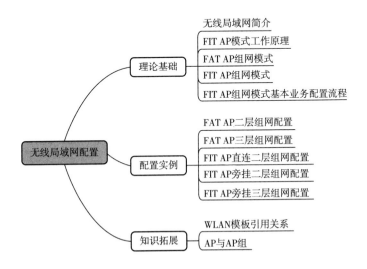

项目7 网络故障诊断与排除

在网络规划与网络应用过程中，经常出现设备损坏、线路短路、断路、配置错误等导致的网络故障，从而造成网络瘫痪、断网等严重后果。如何排查网络中的硬件故障和软件故障，确保网络正常运行，也是网络工程中的一项重要内容。在本项目中，我们将学习网络故障诊断与排除。

🖱 项目分析

在网络建设与网络应用过程中，网络故障是常见问题。科学合理地进行网络故障诊断与排除能够达到事半功倍的良好效果。针对出现的网络故障，需要网管人员或网络工程师深入分析网络故障现象，确定故障诊断方向，选用合理的诊断与排除方法和流程，并使用适合的诊断命令与诊断工具进行诊断与排除。

🖱 知识目标

- 了解常见的网络故障。
- 掌握多种故障诊断方法与诊断流程。
- 掌握常用网络测试命令。
- 了解常用网络诊断工具。

🖱 能力目标

- 能够根据不同故障现象选用不同的诊断与排查方法、流程。
- 能够熟练应用网络测试命令。
- 能够熟练应用网络诊断工具。

素养目标

- 培养学生安全意识。
- 提高学生动手操作能力。
- 加强学生风险防范意识，提高风险处理能力。

任务1　网络故障诊断与排查方法

一、任务描述

计算机网络管理人员在管理计算机网络的过程中，难免碰到网络发生故障的情况。针对故障及时进行诊断与排除，能够避免不必要的损失，确保网络正常运行。在如图7-1所示的网络拓扑中，主机PC1不能连接外网Internet。针对这种网络故障，你认为应该如何进行网络故障诊断与排查？

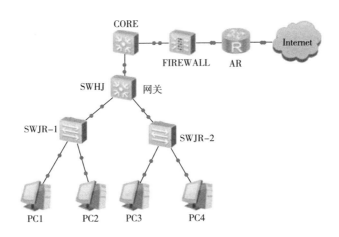

图7-1　网络故障诊断与排查实例网络拓扑

二、任务分析

网络故障在网络通信中是常见问题，其危害性不容轻视。轻则导致个人电脑不能上网通信，影响个人办公；重则导致数据泄密、网络系统瘫痪、生产中断，造成重大生产事故和经济损失。作为一名网管工程师，应该熟悉常见的网络故障，掌握网络故障诊断与排查方法，应用诊断工具确定故障点，查找问题的根源，排除故障，恢复网络正常运行。针对任务中描述的PC1不能正常连接外网的情况，可以初步判断是硬件故障还是软件故障，然后再应用分段法或分层法进行故障诊断与排查。

三、相关知识

（一）常见网络故障

常见的网络故障现象主要有：物理层故障、数据链路层故障、网络层故障、以太网络故障、广域网络故障、TCP/IP故障、服务器故障、其他业务故障等。据相关资料的统计，网络发生故障的原因按层次分布为：应用层占3%；表示层占7%；会话层占8%；传输层占10%；网络层占12%；数据链路层占25%；物理层占35%。

计算机网络故障主要分为软件故障和硬件故障。

1. 计算机网络软件故障

计算机网络软件故障又称为逻辑故障，是指由于计算机软件或网络设备配置错误而导致的网络故障。计算机网络软件故障主要有以下几种类型：

（1）网卡驱动程序问题。

（2）网络连接不正常，出现断网的问题。

（3）网络协议配置问题。

（4）DCHP服务器问题。

（5）DNS服务器问题。

（6）端口配置及VLAN划分不合理问题。

（7）NAT转换问题。

（8）防火墙安全策略问题。

（9）其他网络病毒、网络攻击问题。

2. 计算机网络硬件故障

计算机网络硬件故障又称为物理故障，是指由于计算机硬件而导致的网络故障。计算机网络硬件故障主要有以下几种类型：

（1）网络设备连接错误或非正常连接。

（2）网卡安装错误。

（3）网络线缆短路或断路，网络线缆与网络控制模块错接。

（4）交换机、路由器等网络连接设备的电源接口或接线接口出现损坏，或者设备主板损坏。

（5）网络设备受潮湿或电磁干扰而发生故障。

（二）网络故障诊断与排查方法

网络故障诊断与排查方法常包括分段法、分层法、替换法等。

1. 分段法

分段法最常用于性能问题的排查，按数据流的路径逐段进行分析，由近及远分段排查。在校园网或企业局域网网中，网络终端首先连接至接入交换机，接入交换机向上连接至汇聚交换机或网关，再向上连接至核心交换机，核心交换机连接防火墙或连接路由器，局域网通过防火墙或路由器连接外网。在进行网络故障诊断与排查时，一般沿网络终端→接入交换机→汇聚交换机或网关→核心交换机→防火墙或路由器分段排查，逐段分析。

2. 替换法

替换法是指将怀疑有问题的部件进行替换，以检查故障是否消除。如果消除，则说明原有部件有问题，从而达到定位故障、排除故障的目的。替换的部件可以是一段线缆、一个设备或一个模块。使用替换法的前提是基本确定故障点，对怀疑故障点的硬件进行部件替换，以此确定网络故障。

3. 分层法

分层法是指按照网络协议模型，如OSI/RM七层网络参考模型或TCP/IP四层网络模型，从底层到高层逐层排查故障的方法。其排查思路：首先查看网线、网卡等物理线路连接是否正确，然后查看交换机VLAN配置、STP配置是否正确，接着查看IP地址、子网掩码的配置及路由表是否可达，最后查看端口号是否配置正确。分层法通常是定位了故障点后对单个节点进行排查。对于应用层或传输层出现故障的场景，例如，网络可达但应用不可用、无法连接FTP服务器、无法连接数据库等故障，也可采取自上而下的排查方法。

（三）华为网络设备常用故障诊断与状态查询命令

display device	查看设备信息
display interface	查看接口
display version	查看版本信息
display current-configuration	查看当前配置
display saved-configuration	查看已保存配置
display trapbuffer	查看告警信息
display logbuffer	查看系统日志
display memory-usage	查看内存使用信息
display cpu-usage	查看cpu使用情况
display interface brief	查看接口开启情况
display IP interface brief	查看三层接口配置状态
display mac-address	查看MAC地址表
display ip routing-table	查看路由表
display VLAN brief	查看VLAN信息
display nat session	查看NAT会话

四、任务实施

（一）分段法故障排查

（1）查看PC1连接接入交换机的网线是否合适，接口连接是否有误。

（2）用display VLAN brief命令查看接入层交换机SWJR-1的VLAN划分及接口类型。

（3）用display mac-address命令查看接入层交换机SWJR-1的MAC地址表是否正确。

（4）检查PC1至网关段是否连接正确，是否能够正常通信。

（5）检查PC1至核心交换机是否连接正确。

（6）检查PC1的IP地址、子网掩码是否与网关匹配。

（7）检查PC1与核心交换机是否正常通信。

（8）检查PC1至防火墙连接是否正确，是否能够正常通信。

（9）检查PC1至路由器连接是否正确，是否能够正常通信。

（二）分层法故障排查

（1）物理层检查：逐段检查PC1至路由器各段线缆连接是否正确，是否存在线缆短路或断路问题。

（2）数据链路层检查：查看接入层交换机、核心层交换机VLAN划分是否正确；MAC地址表是否无误；接口类型配置是否正确，是否正确划入VLAN。

（3）网络层检查：查看网关、核心交换机、防火墙及路由器路由表，PC1所在网段路由是否正确；查看NAT会话，NAT地址转换是否配置正确。

（4）应用层检查：检查防火墙安全策略是否放行，防火墙是否放行有关端口。

任务2　诊断与排除网络故障

一、任务描述

图7-2所示为某学校局域网拓扑图。某一天，信息学院的王老师登录百度网站时，发现登录失败。如果你是该校网管人员，请你利用网络诊断命令诊断并排除此网络故障，让王老师可正常访问外网服务器。

二、任务分析

在日常工作中，由于网络故障导致不能登录网站服务器是常有的事。当发生这种故障时，应首先确定是不能登录某一网站还是不能连接外网？如果不能登录某一网站，但能够登录其他网站，说明内网没问题，应该是防火墙或网站服务器问题；如果不能连接外网，则说明内网有问题，就要检查内网软件配置或硬件连接。诊断与排除网络故障的方法不是一成不变的，要综合分析故障原因，确定是硬件原因还是软件，可混合应用分层法、分段法、替换法，结合网络测试命令进行诊断与排查。

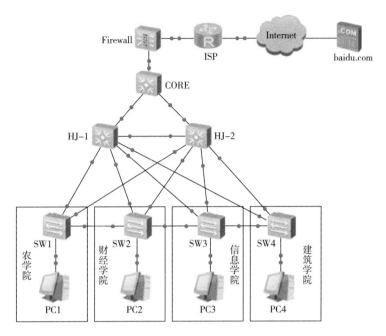

图7-2　诊断与排除网络故障实例网络拓扑

三、相关知识

（一）常用网络测试命令

1. ipconfig

ipconfig命令可以查看当前的TCP/IP配置，包括本地连接以及其他网络连接的IP地址、子网掩码、默认网关等。如果使用自动获取IP地址连接网络时，可以使用ipconfig查看从DHCP服务器获取到的IP地址、子网掩码、默认网关等。

常用参数选项有：

ipconfig/all：当使用all选项时，显示本机TCP/IP配置的详细信息，包括IP地址、子网掩码、默认网关、本地网卡中的物理地址（MAC）、DNS服务器地址。如果IP地址是从DHCP服务器租用的，ipconfig将显示DHCP服务器分配的IP地址和租用地址预计失效日期等。

ipconfig /release：DHCP客户端手工释放IP地址。

ipconfig /renew：DHCP客户端手工向服务器刷新动态地址请求。

/release和/renew这两个附加选项只能在DHCP客户端使用。输入ipconfig/release，释放所有接口租用的IP地址；输入ipconfig/renew，本地计算机则重新向DHCP服务器租用一个IP地址。大多数情况下，网卡将被重新赋予和以前所赋予的相同的IP地址。

2. ping

ping命令可用来检测目标站点是否可达。如果ping成功，则说明当前主机与目标间的物理路径是连通的；如果ping成功而网络仍无法使用，则可能在网络配置方面出现问题；如果ping不成功，可能网络不通、网卡配置不正确或IP地址不可用等。

常用参数选项有：

ping/t：当前主机连续向目标主机发送数据，直到中断。

ping /n count：发送count指定的echo数据包数。默认值为4。

ping /r count：在记录路由字段中记录传出和返回数据包的路由。count最小值为1，最大值为9。

ping /w timeout：指定每次回复的超时时间，回复时间超过timeout指定的时间就认为不可达。timeout单位为毫秒。

ping命令故障检测使用方法有：

ping 127.0.0.1。如果ping不通，则说明本机TCP/IP协议的安装或运行存在某些问题。

ping 本地IP。检测网卡或本地配置是否正常。如果ping不通，则说明网卡没安装好，或网卡驱动有问题。

ping 局域网内其他IP。检测网卡、网线等是否正常。这个命令离开本地计算机，经过网卡及网络电缆到达其他计算机再返回。如果ping不通，则说明交换机接口有问题，或者交换机本身出了问题，或者网络线路有问题。

ping 网关IP。检测与网关的连接性。如果ping不通，则不能上网，可能是网关未配置正确，或者路由器未配置好，或者代理路由器出现了问题。

ping DNS服务器。如果ping不通，则说明DNS服务器出现问题，或者本机DNS服务配置不正确。

常见ping不通情形及原因有：

Request timed out，请求超时。可能原因有：对方已关机，或者网络上根本没有这个地址；对方确实存在，但与自己不在同一网段内，通过路由也无法找到对方；对方确实存在，但设置了ICMP数据包过滤（如防火墙设置）。可以用带参数 –a 的ping命令探测对方是否存在，如果能得到对方的NETBIOS名称，则说明对方是存在的，有防火墙设置；如果得不到，多半是对方不存在或关机，或不在同一网段内。

Destination host unreachable，目标主机不可达。可能原因有：对方与自己不在同一网段内，而自己又未设置默认路由；网线故障；网卡故障。

Unknown host，不知名主机。表示该远程主机的名字不能被DNS服务器转换成IP地址。可能原因有：DNS服务器有故障；该远程主机的名字不正确；网络管理员的系统与远程主机之间的通信线路有故障。

No answer，无响应。说明本地系统有一条通向中心主机的路由，但却接收不到它发给该中心主机的任何信息。可能原因有：中心主机没有工作；本地或中心主机网络配置不正确；本地或中心路由器没有工作；中心主机存在路由选择问题；通信线路有故障。

Bad ip address，IP地址错误。可能原因有：未连接到DNS服务器；无法解析这个IP地址；IP地址不存在。

no route to host，无通往主机的路由。说明网卡工作不正常。

3. tracert

tracert命令可用来显示数据包到达目标主机所经过的路径，并显示到达每个节点的时间。命令功能同ping类似，但比ping命令显示的信息更详细，它把数据包所走的全部路径、节点IP以及花费时间都显示出来。当ping一个远程主机出现错误时，用tracert命令可以检测到数据包是在哪里出错的。如果数据包一个路由器也不能通过，则说明当前主机的网关设置错误。

常用参数选项有：

tracert/d：不解析目标主机的名称，运行更快。tracert/d使用图解如图7-3所示：

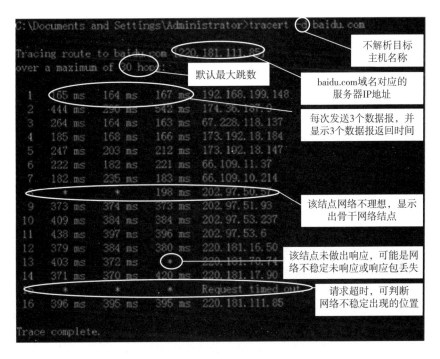

图7-3　tracert/d使用图解

tracert/h maximum_hops：指定到达目标地址的最大跳跃数。

4. netstat

netstat命令可显示路由表、实际的网络连接以及每一个网络接口设备的状态信息，用于检验本机各接口的网络连接情况，以便用户得知哪些网络连接正在运作。使用时如果不带参数，netstat显示活动的 TCP 连接。

常用参数选项有：

netstat/a：检查本机所有已经建立的连接，和本机开放的全部接口。

netstat/b：显示在创建网络连接和侦听接口时所涉及的可执行程序，也可以检查电脑中正在运行的恶意程序。

netstat/n：显示已创建的有效连接，并以数字的形式显示本地地址和接口号。

netstat/s：显示每个协议的各类统计数据，查看网络存在的连接，显示数据包的接收和发送情况。

netstat/e：显示以太网的统计数据，包括传送的字节数、数据包、错误等。一般与netstat/s参数共同使用。所显示内容中，discards表示不能处理而被丢弃的数据包，errors表示错误的数据包。这些数值较大时，可能是集线器、电缆或网卡等硬件发生了故障。网络拥挤也可能导致这些数值增大。

5. nslookup

nslookup命令可查询域名对应的IP地址，包括A记录（IPv4 地址记录）和CNAME记录（别名记录）。如果查到的是CNAME记录，还会返回别名记录的设置情况。

在cmd窗口下输入nslookup www.baidu.com，显示图7-4所示界面：

图7-4　nslookup命令

常用参数选项有：

nslookup/ qt=类型　　目标域名

类型主要有以下字符：

A 地址记录（IPv4）

AAAA 地址记录（IPv6）

CNAME 别名记录

HINFO 硬件配置记录，包括CPU、操作系统信息

ISDN 域名对应的ISDN号码

MB 存放指定邮箱的服务器

PTR 反向记录（从IP地址解释域名）

RP 负责人记录

TXT 域名对应的文本信息

6. arp

arp命令可显示和修改地址解析协议（ARP）使用的"IP到物理"地址转换表。

常用参数选项有：

arp /a：通过询问当前协议数据，显示当前 ARP 项。如果指定IP地址，则只显示指定计算机的IP地址和物理地址。如果不止一个网络接口，则显示每个 ARP 表。格式：arp –a [inet_addr]；示例：arp –a。

arp /d inet_addr：删除 inet_addr 指定的主机。inet_addr可以是通配符*，表示删除所有主机。格式：arp –d inet_addr。

arp /s inet_addr eth_addr：添加主机，并将inet_addr（Internet地址）与eth_addr（物理地址）相关联，即添加arp静态项。格式：arp –s inet_addr eth_addr；示例：arp –s 157.55.85.212 00–aa–00–62–c6–09 。

（二）常用网络诊断工具

1. 硬件工具

（1）数字电压表。数字电压表又叫电压欧姆表如图 7-5 所示，是一种多用途电子测量工具，被认为是计算机或电子专业人员的标准配备。使用数字电压表可以确定电缆是否断路、短路，测量网络通信量，电缆是否接触其他导体等。

（2）网络测试仪。网络测试仪也称专业网络测试仪或网络检测仪，如图 7-6 所示，是一种可以检测OSI/RM模型定义的物理层、数据链路层、网络层运行状况的便携、可视的智能检测设备，主要适用于局域网故障检测、维护和综合布线施工。网络测试仪的功能涵盖物理层、数据链路层和网络层。

网络测试仪能够检测开路、短路、交叉对、反转对及不正确终止等故障。它具有测量速度快、测量精度高、故障定位准、节省用户查找故障的时间等优点。

图7-5　数字电压表　　　　　　　　　图7-6网络测试仪

（3）时域反射计（TDR）。时域反射计，如图7-7所示，能够沿着电缆发送类似于声纳的脉冲，用以确定电缆中的开路、短路、虚接、受潮、浸水、串绕等问题。它能够远距离故障定位双绞线、有线电视线、电力线。如果发现电缆有问题，就会对问题进行分析，并以图形图像方式显示分析结果。

时域反射仪沿着电缆的长度方向的有效作用距离能够达到数公里。

（4）示波器。示波器是一种用途十分广泛的电子测量仪器，如图7-8所示，可以把微弱的电信号变换成图像，把幅度变化转化成波形曲线，还可以用以测试电压、电流、频率、相位差、调幅度等。当示波器与时域反射计配合使用时，可以显示短路、断路、电缆中突然的弯曲和卷曲、信号衰减等问题。

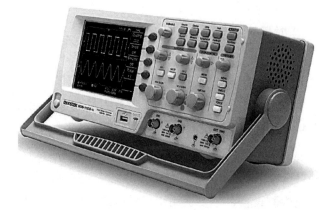

图7-7　时域反射计　　　　　　　　　图7-8　示波器

2. 软件工具

（1）Wireshark。Wireshark是一个网络封包分析软件，该软件的功能是截取网络封包，并尽可能显示最为详细的网络封包资料。Wireshark使用WinPCAP作为接口，直接与网卡进行数据报文交换。Wireshark最强大的功能是协议解析，协议解析是由Wireshark的协议解析器完成的，可以将网络上获取的原始二进制数据包进行拆分，变成相关协议的不同的区段，以便网络用户分析。Wireshark抓包分析界面如图7-9所示。

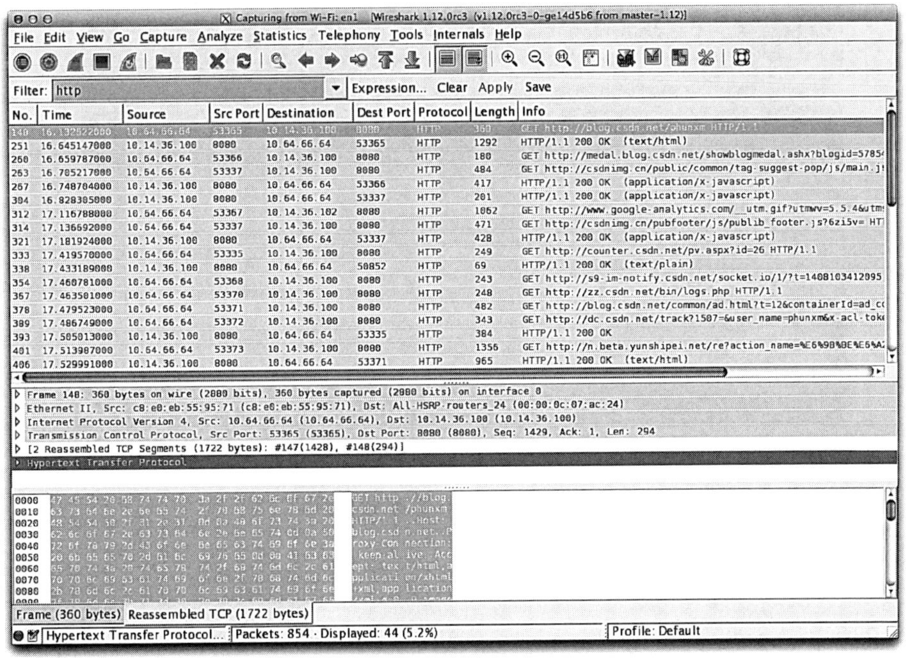

图7-9　Wireshark抓包分析界面

Wireshark不是入侵侦测系统，对于网络上的异常流量行为，Wireshark不会产生警示或是任何提示，也不会修改网络封包内容。

（2）Ethereal。Ethereal是当前较为流行的一种计算机网络调试和数据包嗅探软件。用户通过Ethereal，将网卡插入混合模式，可以查看到网络中发送的所有通信流量。Ethereal应用于故障修复、分析、软件和协议开发以及教育领域，它具有用户对协议分析器所期望的所有标准特征，并具有其他同类产品所不具备的独特特征。

Ethereal 抓包后的界面有三个部分：上部为报文列表窗口，显示的是对抓到的每个数据报文进行分析后的总结型信息，包括编号、时间、源地址、目标地址、协议、信息。中部为协议树窗口，显示的是数据报文的协议信息。在报文列表窗口选择不同条目，则协议树窗口的内容随之改变为相应的协议信息。下部为十六进制报文窗口，可以显示报文在物理层的数据形式。

在抓包完成后，显示过滤器可以用来找到感兴趣的包，也可根据协议、是否存在某个域、域值、域值之间的关系来查找感兴趣的包。Ethereal抓包分析界面如图 7-10

所示。

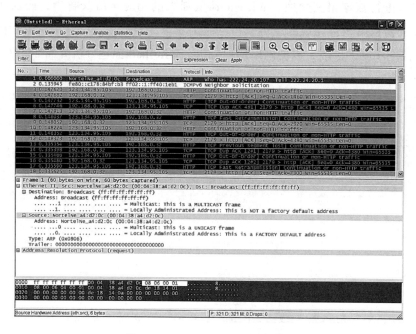

图7-10　Ethereal 抓包分析界面

（3）Syslog。Syslog常被称为系统日志或系统记录，是一种用来在互联网协议（TCP/IP）网上传递记录档消息的标准。Syslog广泛应用于系统日志、Syslog日志消息，既可以记录到本地文件，也可以通过网络发送到接收Syslog的服务器，接收服务器可以对多个设备的消息进行统一的存储或者解析其中的内容。常见的应用场景就是网络管理工具、安全管理系统、日志审计系统。Syslog日志管理软件界面如图7-11所示。

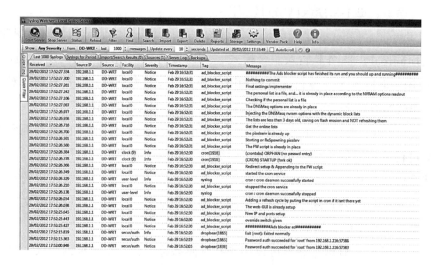

图7-11　Syslog日志管理软件界面

在UNIX系统中，系统日志（System Log）记录系统中任何时间发生的大小事件。管理者可以通过查看系统记录随时掌握系统状况。UNIX的系统日志是通过Syslogd这个进程记录系统有关事件记录，也可以记录应用程序运作事件。通过适当的配置，可以实现运行Syslog协议的机器间通信。通过分析这些网络行为日志，能够追踪并掌握与设备和网络相关的状况。

（4）360系统诊断工具。360系统诊断工具是一款全免费的网络安全辅助软件，它提供系统诊断功能，能够对系统的190多个可疑位置进行诊断，并生成诊断报告，供系统诊断与分析。

360系统诊断工具在360安全卫士的"功能大全"里，其中宽带测速器功能可以测试长途网络速度和网页打开速度；断网急救箱功能可以进行网络诊断，发现网络异常问题。360安全卫士还拥有查杀流行木马、清理恶评及系统插件、管理应用软件、卡巴斯基杀毒、系统实时保护、修复系统漏洞等数个强劲功能，同时还提供系统全面诊断、弹出插件免疫、清理使用痕迹以及系统还原等特定辅助功能，并且提供对系统的全面诊断报告，方便用户及时定位问题，真正为每一位用户提供全方位系统安全保护。360安全卫士系统诊断界面如图7-12所示。

图7-12　360安全卫士系统诊断界面

（5）Windows2000网络诊断工具。Windows2000网络诊断工具可以测试网络连接并确定与网络相关的程序和服务当前是否工作正常。Windows2000常用以下诊断工具。

①Windows报告工具。选择"开始"→"运行"，输入"Winrep.exe"，启动Windows报告工具。它搜集计算机的有关信息，用户可以根据这些信息诊断和排除各种计算机故障。

②文件检查器。文件检查器是一个Windows 98风格的工具软件，在Windows 2000

中只能应用于命令解释模式下。可以通过在命令行模式下输入"SFC"启动文件检查器，其作用是扫描所有受保护的系统文件并用正确的文件进行替换。

③脚本调试器。上网浏览网页时，经常会遇到一些脚本运行错误的提示。为了防止产生错误，一般是停止执行脚本。有了脚本调试器，就可以对错误进行调试和排除。脚本调试器可以测试一个脚本文件的运行情况，调试脚本文件的错误。脚本调试器并非Windows 2000默认安装。选择"控制面板"→"添加/删除程序"→"添加/删除Windows组件"→"脚本调试器"，然后单击"下一步"按钮，就可以安装脚本调试器。选择"开始"→"程序"→"附件"→"Microsoft Script Debugger"，可以打开脚本调试器。

④DirectX诊断工具。选择"开始"→"运行"，输入"dxdiag.exe"，可以打开DirectX诊断工具。此工具用于向用户提供系统中DirectX应用程序编程接口（API）组件和驱动程序的信息，也能够测试声音和图形输出，并为Microsoft DirectPlay服务提供程序，此工具还可以禁用某些硬件加速功能，使系统运行得更加稳定。利用此工具可以诊断硬件存在的问题，提供解决的办法，并可以更改系统设置，使硬件运行在最佳的状态。

⑤Windows 2000故障恢复控制台。Windows2000故障恢复控制台是命令行控制台，可以从Windows 2000安装程序启动。使用故障恢复控制台，无须从硬盘启动Windows 2000就可以执行许多任务，可以启动和停止服务，格式化驱动器，在本地驱动器上读写数据（包括被格式化为NTFS的驱动器），执行许多其他管理任务。如果需要从软盘或CD-ROM复制一个文件到硬盘来修复系统，或者需要对阻止计算机正常启动的服务进行重新配置，故障恢复控制台特别有用。

四、任务实施

（1）初步确定网络故障是内网问题还是外网问题。用ping命令ping其他网站，如果能够ping通，则说明问题出在内网。否则用替换法检查其他主机是否能够登录百度网站，如果还是ping不通百度网站，则说明是百度服务器端或防火墙端的问题。

（2）如果本机和本学院其他主机也ping不能百度网站。检查防火墙安全策略或Web端口号是否放行；使用tracert www.baidu.com命令，检查数据包是否从内网网络设备转发至公网出口IP，然后经过公网各节点后顺利到达目标网络。如果成功转换为公网IP，说明百度服务器出现问题。

（3）如果确定为内网问题，则可利用分层法或分段法执行以下检查。

①检查主机网卡连接是否正确，网卡驱动安装是否正确，网线与交换机连接是否正确；

②应用ipconfig/all命令，查看主机的DNS服务器、子网掩码、网关配置是否正确；

③在接入交换机，应用display VLAN命令查看VLAN划分及接口信息是否正确；

④在接入交换机，应用display arp命令查看MAC地址表是否正确；

⑤在主机端，应用ping命令ping网关是否ping通；

⑥在核心交换机，应用display ip interface brief命令查看三层接口信息，确认网关配置是否正确；

⑦在核心交换机，应用display current-configuration命令，查看配置信息是否正确；

⑧在防火墙上，检查安全区域划分是否正确；

⑨在防火墙上，检查安全策略、NAT转换配置是否正确，Web端口号是否放行。

项目知识结构

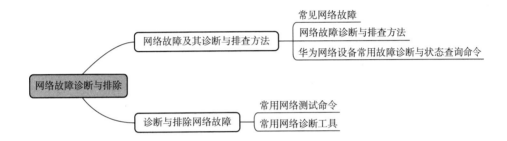

参考文献

［1］罗旭，黎连业，潘朝阳，等.计算机网络故障诊断与排除［M］.北京：清华大学出版社.

［2］华为技术有限公司.HCNP路由交换学习指南［M］.北京：人民邮电出版社.

［3］张文库，鲍洪艳，孙海龙.网络设备安装与调试［M］.北京：电子工业出版社.

［4］段标，陈华.计算机网络基础［M］.北京：电子工业出版社.